U0338115

基于光学三维测量的煤流智能监测技术研究

胡而已　著

中国矿业大学出版社
・徐州・

图书在版编目(CIP)数据

基于光学三维测量的煤流智能监测技术研究 / 胡而已著. —徐州:中国矿业大学出版社,2021.8

ISBN 978-7-5646-5092-6

Ⅰ. ①基… Ⅱ. ①胡… Ⅲ. ①煤矿开采—自动化监测系统—研究 Ⅳ. ①TD82

中国版本图书馆 CIP 数据核字(2021)第 163391 号

书　　名 基于光学三维测量的煤流智能监测技术研究
著　　者 胡而已
责任编辑 仓小金
出版发行 中国矿业大学出版社有限责任公司
(江苏省徐州市解放南路　邮编 221008)
营销热线 (0516)83884103　83885105
出版服务 (0516)83995789　83884920
网　　址 http://www.cumtp.com　**E-mail**:cumtpvip@cumtp.com
印　　刷 徐州中矿大印发科技有限公司
开　　本 787 mm×960 mm　1/16　**印张** 10.5　**字数** 206 千字
版次印次 2021 年 8 月第 1 版　2021 年 8 月第 1 次印刷
定　　价 45.00 元

前　言

当前，新的“碳达峰”与“碳中和”国家发展战略给传统化石能源领域带来巨大挑战，亟需通过科技创新推动煤炭行业可持续发展。随着机器人、人工智能、大数据、云计算等新技术的日新月异，煤矿智能化为煤炭行业转型升级提供了新方向，是实现煤炭工业高质量发展的核心技术支撑。2019 年 1 月，国家煤矿安监局发布了《煤矿机器人重点研发目录》，2020 年 2 月，国家发展改革委等八部委联合印发《关于加快煤矿智能化发展的指导意见》，2021 年 3 月，国家能源局发布了《智能化煤矿建设指南(2021 年版)》，密集出台的相关政策均对煤矿智能化技术与装备研发做出了具体要求。

其中，智能主运输系统是煤矿智能化建设的关键一环，且皮带机和刮板机运输依然是矿井生产的主要煤炭运送方式。通过智能感知、自主决策、自适应控制等新技术手段，可实现运输设备节能高效运行，这对提高煤矿生产效率、降低了企业成本、提升安全生产水平具有重要意义。目前，虽然变频调速技术在煤矿生产部分领域已得到应用，但是在实际矿井生产过程中针对皮带机和刮板机的智能调速应用仍处于探索阶段，其中关键技术瓶颈是如何精准快速地获取运输设备实时运煤量信息，由此动态调整运速，实现多拉快跑、节能高效。

传统的煤流量监测方法有电子皮带秤、核子秤、超声波探测等，但从检测精度、响应速度、可靠性等方面综合来看，还难以达到非接触、全场、高精度的测量目的。随着计算机技术和图像处理算法的进步，部分学者开始尝试通过机器视觉手段进行皮带机煤流量监测研究。本书将光学测量手段引入煤矿主运输系统煤流量监测领域，阐述了投影光学三维测量的基本原理，研究了煤矿复杂工况下运动物料三维测量关键技术，尝试将传统激光三角法测量技术和机器视觉算法相结合，提出了一种融合激光和视觉技术的煤流量扫描测量方法，开展了综放工作面煤流量激光扫描技术和监测装置研发，为放煤量在线监测提供了新手段。

本书内容共分9章：

第1章主要介绍光学三维测量方法，总结了煤流量监测技术发展现状；

第2章主要介绍投影条纹相位测量原理，内容包括相移和傅里叶变换法相位提取算法，以及运动物体相位测量的基础实验结果；

第3章主要介绍基于线扫描的运动物体三维形貌测量技术，研究了单频、双频、单线和多线等不同算法，为煤炭等动态料流运输的工业监测奠定理论基础；

第4章主要介绍基于激光三角法的煤流量测量原理，进行了监测系统软硬件开发，并由此建立了煤堆体积测量计算模型；

第5章主要介绍激光图像机器视觉处理算法，重点研究了激光条纹的区域分割、条纹中心线提取和断点修复等关键技术；

第6章主要介绍了煤流量激光三角投影测量实验，设计了监测系统软件，进行了系统性的测量误差分析，提高了测量精度；

第7章主要介绍综放工作面煤量激光扫描原理，研究了工业测量样机的防爆设计方法；

第8章主要介绍了工作面刮板机过煤量计算算法，比较了不同算法的优缺点，提出了基于微元法的放煤量计算方法；

第9章介绍了综放工作面放煤量监测系统试验，研究了监测系统的可靠性和误差水平。

本书由中国矿业大学胡而已副教授撰写，由于作者的水平有限，书中难免有错误或不足之处，敬请广大读者批评指正。

著　者

2021.2

目　录

第1章　绪　论

1.1　工业背景及意义

动态光学三维测量技术最早应用于工业流水线及物料输送系统的在线监测,一直是工程测量领域的研究热点之一。中国目前是全世界最大的工业产品制造和加工基地,面对日益激烈的全球竞争,必须将产品质量提高到一个前所未有的高度来对待,才能实现工业大国到工业强国的蜕变。因此,工业产品质量的出厂前在线自动检测是产品质量控制的关键一环,特别是产品表面三维形貌及缺陷检测已经成为制约工业制造水平提升的卡脖子难题。随着电子信息技术和计算机软硬件水平的不断提升,多数大型企业的工业产品的出厂前检测已经由最初的人工抽查发展到现在的在线自动化监测。

同时,在长距离大运量物料运输领域,例如胶带运输是目前矿井开采生产的主要煤炭运送方式,煤矿主运输系统智能化是智能煤矿建设的关键一环。通过智能感知、自主决策、自适应控制等新技术手段可实现胶带机节能高效运行,对提高煤矿生产效率、降低企业成本、提升安全生产水平具有重要意义。目前,虽然变频调速技术在煤矿生产部分领域已得到广泛应用,然而在实际矿井生产过程中针对胶带机的智能调速应用仍处于探索阶段,其中关键技术瓶颈之一是如何精准快速获取胶带上部的实时运煤量信息,由此动态调整胶带运速,实现多拉快跑、节能高效[1]。

此外,目前煤矿生产的综放工作面放顶煤作业主要依赖人工,现场放煤工人通过眼看和耳听判断液压支架后部煤流状态,来进行人工控制放煤[2],其中放煤量的判断主要依赖人工目测。然而在综放工作面的实际放煤过程中,由于支架后部空间受限、放煤过程中粉尘等因素对工人视线干扰极大,支架尾梁放煤口开放后放煤量的控制精准度低[3],不能准确获取单个或成组支架的单轮次放煤量信息,从而影响放煤口的开闭时机的准确判断,且瞬时放煤量过大时还容易造成后部刮板输送机局部过载状态运行,导致负载变化过大,影响设备运行健康状况和生产连续性[4,5]。因此,放煤量的精准监测感知对实现放煤工作面智能化具有重要意义。

目前报道的煤流量监测方法有电子皮带秤、核子秤、超声波探测、激光扫描、机器视觉检测等。其中,电子皮带秤是接触式测量,其准确度高但可靠性较差[6]。核子秤则是利用物料对γ射线束吸收的原理实现了非接触测量[7],但采用放射性物质存在安全隐患。通过超声波法可监测单点物料的堆积高度,来反映刮板机或胶带机的运输煤流信息,但需要传感器的多点布置才能实现煤流量的全场监测[8],且超声波法是通过反射声波实现煤流量监测,在煤矿的复杂生产环境中,其抗干扰性能和准确性较差[9]。随着计算机技术和图像处理算法的进步,部分学者开始尝试通过机器视觉手段进行胶带机煤流量监测研究[10],如:李萍等[11]提出了一种基于机器视觉测量的散状物料动态计量系统设计;袁娜等[12]采用双面视觉方法,获取被测物料图像序列,采用积分运算实现物料的动态计量。此外,部分学者采用激光雷达三维扫描法开展了煤流量监测技术研究,利用二维激光测距仪和测速传感器获取带式输送机物料流瞬流量[13,14],该方法精度较高,具有能量密度大、响应时间快等优点[15],相对于普通光源能获得井下黑色系煤块表面更大强度的反射回波,可以实现放煤量的在线实时监测。

综上,几种在线或在役测量技术均可归为物体表面三维形貌检测领域。随着电子计算机、光电传感等技术的发展,采用光学方法快速、非接触测量物体三维形貌成为可能。目前,光学三维轮廓测量技术有了极大的发展,越来越广泛地应用于工业检测、矿产开采、逆向工程、自动加工、军事国防、生物医学等领域。以上各类工程问题还具有相同的特点,即被检测物体与测量系统之间存在相对运动,因此对运动物体三维形貌测量提出了新的挑战。本书首先研究了基于传统的光学条纹编码投影的工业在线测量方法;同时尝试将传统激光三角法测量[16]的原理和机器视觉算法相结合,研究了一种融合激光和视觉技术的煤流量扫描测量方法,提供了胶带运煤量参数在线测量新手段;最后提出了基于激光扫描的综放工作面放煤量智能监测方法,通过防尘防爆的硬件设计和基于数据回归预测算法的软件,克服综放工作面噪声、粉尘等因素的干扰,通过激光扫描方法获取高精度点云数据,构建综放工作面后刮板机煤流实时模型,从煤流量、截面积、三维形貌等多个维度准确反演综放工作面的煤流变化规律,为液压支架的精准放煤控制提供科学依据。

1.2 静态光学三维形貌测量方法

1.2.1 逐点光学三角法

光学三角法是一种较为简单但稳定性好的测量方法。随着光电子器件和电子技术的发展,该方法已经在工业界广泛应用[17]。日本的KEYENCE公司已经生产出成套的基于三角测量的表面位移、形貌测量传感器。它的原理与传统的三角距离测量类似。以单点式三角位移传感器为例:通过传感器发射一束激光,照射到被测物体表面形成一激光斑点。在传感器的偏离投影出口位置处设置一光电位置探测器,探测器与光斑点之间有透镜成像系统,使得被物体表面反射的激光汇聚起来,在探测器表面成像,获得光斑点的具体位置。由此投影点、物体表面光斑点和探测器上的像点构成了一个三角关系,当待测物体的位置发生变化时,探测器上的光斑像点随之发生变化。获取光斑点的移动量即可计算待测物体的表面高度或变形信息。由于单点激光三角法一次只能获得一点的位移或高度信息,需要进行全场扫描才能获得准全场的三维信息,而且在空间的扫描精度有限,影响了测量的效率[18]。

将单点三角法进一步发展为线扫描三角法,也可以称为光切法[19]。光切法投影的激光束是条状的,在待测物体上形成一带状的光斑,基本原理同上。该方法可以同时获得光带上的一行的物体表面的高度信息,只需进行一维的扫描即可得到物体表面的全貌或变形。

1.2.2 莫尔轮廓术

莫尔条纹轮廓术是20世纪70年代逐步完善的一种光学非接触式三维轮廓方法[20]。其基本原理是将变形的物体栅线和周期相同的原始参考条纹栅线叠加,即可观察到莫尔条纹。对这种莫尔条纹图进行滤波处理即可获得反映物体表面高度的等高线图。再进行插值处理获得物体表面的全场轮廓或变形信息。

影栅云纹法[21]是把参考光栅放在待测物体表面附近位置,通过白光照射,透过光栅在物体的表面形成变形条纹图。再从另外一个角度通过参考光栅观察待测物体表面形成的阴影条纹图,此时相当于两个光栅的叠加。从而实现了变形条纹图和参考条纹图的叠加,即可观察到莫尔条纹,采用CCD相机记录莫尔条纹图,进行处理得到表面高度信息。由于影栅云纹法可以直接观察到反映物体表面高度的等高线图,测量比较方便。但是由于测量过程中需要在待测物体表面附近位置放置一个参考光栅,因此当测量对象的尺寸较大时,必须制作同样的大尺寸的参考条纹光栅,该方法的应用因此受到了一定的限制。

1.2.3 投影条纹相位测量轮廓术

相对于三角法和传统云纹法,投影条纹相位法测量物体三维形貌具有抗干扰能力强、测量速度快、可全场测量等优点[20,21]。特别随着LCD液晶投影技术的飞速发展,采用白光光源投影质量越来越好,该方法大量应用于工程测量中。投影条纹相位法通过投影光强为正弦变化的数字条纹到待测物体表面,从另外一个方向上观察物体表面的变形条纹图，采用数字图像采集设备记录变形条纹图，分析条纹的变形量，由投影和摄像之间的几何关系计算物体表面的全场三维形貌。该方法实际上是传统三角法的延伸[22]。

投影条纹相位法的关键是如何获得物体表面条纹的变形量，通常采用相位测量的方法。即采用不同的数学方法获得变形条纹图的相位变化信息，由图像系统的标定得到其对应的条纹变形量。目前使用较为广泛的条纹图相位提取方法分别为相移法和傅里叶变换法。

(1) 相移法

1984 年，V. Srinivasan 等[23]最先将相移技术用来提取光场的三维形貌。从此相移法在三维形貌测量中的应用研究不断扩展。该方法的核心是通过相移获得多幅具有一定相移量的变形条纹图，针对任何一个测点可以联立三个以上的方程组，很容易求解条纹图的相位。采用的相移量和相移步数的不同，相移技术发展出了很多种算法。如传统的等步长 N 步相移算法，Carre 算法，Hariharan 算法，Stoilow 算法[24]等。在相移法中物体表面的各待测点的相位计算是独立进行的，相互之间互不干扰，误差的传递性不强。相移法的优点为：对背景光强、条纹对比度、物体表面反射率和环境噪声的变化不敏感，具有较高的测量精度[25]。且该方法计算量较小，经过多年的研究已经发展为一种稳定、成熟的算法，基于相移法的物体三维形貌测量的设备已经商品化。相当一部分研究者从算法角度研究了如何更好地克服各种相移测量误差。但是由于测量过程中必须引入相移过程，无论是相移器相移还是数字条纹的自动切换相移均需要在时间轴上依次拍摄多次条纹图，在某些特殊场合的应用受到了限制[26]。

(2) 傅里叶变换法

1982 年，日本学者 Takeda 等[27]最早将傅里叶变换应用于物体三维形貌测量中。傅里叶变换法的原理是将变形条纹图看成被物体表面高度信息调制了的二维图像信号。可以采用一维傅里叶变换逐行分析或者二维傅里叶变换整幅图一次性分析。以一维傅里叶变换法为例，对得到的变形条纹图逐行做一维傅里叶变换。得到正弦光强信号的频谱，在频谱中采用滤波窗口提取基频信息，并将其频谱至零频位置，再逆傅里叶变换求复角即可获得变形条纹图的相位信息。因此傅里叶变换轮廓术只需要采集一幅条纹图即可得到物体的表面高度信息。使得物体三维形貌的测量速度明显提升，因此该方法可以应用于动态物体表面形貌测量和运动物体三维形貌测量中。但是它存在的主要问题是测量误差相对相移法大，且可测量的物体表面的曲率变化范围有限，特别对含有表面突变的物体的测量精度较低。为了提高傅里叶变换法的测量精度，可以对原始的条纹信号进行空域加窗处理，减少图像边缘因截断导致的频谱泄漏[28]。苏显渝等[29]

详细研究了傅里叶变换法的测量误差和适用范围。傅里叶变换法需要在频域进行信号的滤波和移频，当物体表面形貌的变化梯度较大时，傅里叶变换后的频谱图中基频和零频及高频分量容易混叠，导致基频分量的提取困难。为了提高傅里叶变换法对物体表面形貌变化梯度的可测范围，采用π相移傅里叶变换法可以去除零频分量对基频提取的干扰。同样采用小波数字滤波与傅里叶变换轮廓术相结合的方法[30]，可以更好地构造频域滤波器，提取基频分量，提高物体的可测梯度，降低测量误差。

1.3 运动物体三维形貌测量方法

静态物体的三维形貌及缺陷测量技术已较为成熟，针对部分测量方法已有相应的商业化的测量仪器。而运动物体三维形貌及表面缺陷检测的研究相对较少，尚有很多问题亟待解决。静态物体三维形貌测量中图像的采集多使用面阵CCD相机，而运动物体表面的成像要求不同，普通的面阵相机不能直接应用。且静态测量中变形条纹图的处理主要采用相移算法和傅里叶变换法，国内外学者已在这方面做较多研究，技术相对比较成熟。但是在运动物体测量过程中不能同时获得物体表面的多帧相移条纹图，相移算法的应用受到了很大限制，因此傅里叶变换法得到广泛应用。

目前，已有部分研究人员设计出一些新颖的投影光学条纹三维形貌测量系统，试图将相移技术引入到快速测量或者运动物体测量中。Peisen S. Huang[31]等提出了一种基于彩色复合条纹投影的相移测量方法，一次性投影具有一定相移量的彩色复合条纹到待测物体上，用彩色CCD面阵相机获取变形条纹图，分别提取R/G/B三种颜色的彩色条纹信息，将其校正后进行相移运算提取条纹相位，实现了物体表面形貌的快速测量。该方法同样可以应用于对运动物体进行快速摄像，相移计算三维形貌。但是该方法的缺点是对设备的性能要求较高，图像采集装置为彩色快速CCD相机，价格昂贵，且在测量过程中运动速度过快会产生图像模糊误差，同时物体表面图像间的衔接不畅。线扫描相机由于其独特的成像方式和数据传输模式，在运动物体成像中应用广泛，如工业产品质量检测、航拍、道路病害扫描领域。目前在运动物体三维形貌测量中，采用线阵相机成像的研究较少，S. Yoneyama[32]等设计了一种三线阵扫描相机，其主要目的是将相移技术引入到动态物体的三维形貌测量中。通过合理的布置多线阵的物理位置，在不同的扫描线获取的图像之间实现了相移。但是该方法的主要缺点是系统复杂，线阵间匹配误差较大。20世纪80年代出现的TDI(time delay and integration)积分图像采集技术[33]技术同样可以扫描运动物体。这种

TDI-CCD相机的最大优点是实现了弱光环境下的物体成像，同时可以较大提高图像的信噪比。新加坡南洋理工大学A. Asundi教授和新加坡国立大学C. J. Tay教授等将TDI-CCD技术应用于动态光弹测量中，测量物体的动态过程中的内部应力分布，解决了冲击或碰撞过程中的物体的内部应力测量问题。M. R. Sajan等[34]把TDI-CCD技术与投影条纹技术相结合，测量运动物体的三维形貌。投影频闪线光源到待测物体表面，且激光光源的频闪频率低于相机的行扫描频率，由此获得的条纹图的条纹方向和相机的扫描线方向一致。变形条纹图的分析方法分别采用数字莫尔条纹法和傅里叶变换法。当待测物体的转速发生变化时，需要通过速度编码器来实时获取物体的速度信息，反馈给TDI-CCD相机和频闪光源，实时调整相机的扫描频率和光源的频闪频率，才能获得无畸变的物体表面图像。

由于运动物体表面形貌测量的特殊性，越来越需要从成像方式、相位提取算法等不同角度进一步深入研究、研发新的、适合实际工程测量需要的表面三维形貌测量方法和智能监测装置。

1.4 煤炭运输系统料流监测技术

1.4.1 立体视觉测量法

立体视觉测量原理是基于视差原理，需获得某一点在两幅图像中相应的位置差，从而求得该点的空间三维坐标。一般由两个或多个相机从不同位置拍摄物的二维图像，每对摄像头按照双目视觉原理，对物料堆的特征点进行坐标测量，在得到了物料堆的深度信息图的情况下，对物料进行三维重建。最后根据多对摄像头的重建结果，组合成整个物料的三维形貌图，并求取所运输物料的体积。其中，双目视觉即通过两个摄像头同时以不同的视角获取的图像，用于恢复其3D几何信息并重建其3D轮廓和位置。具体来说，两个具有平行光轴的相同相机来观察一个相同的物体，并从不同的角度获取两幅图像，根据三角关系计算深度信息。双目视觉法经过多年研究已较为成熟，具备了更好的性能，但其计算量大，对测量系统硬件要求较高，且基线距离对其影响很大[35]。

1.4.2 结构光三角投影法

激光三角法是目前光学测量应用最广泛、技术最成熟的方法之一。其原理是根据发射光与接受光之间的三角关系进行测量，光束经过一个或多个旋转镜头形成光条，来扫描被测物体表面。通过光学系统投影到线阵CCD或面阵CCD上，由CCD上像点的位置即可计算得到工件的高度尺寸，通过测量系统的相对运动就能将料流的全部外形尺寸测得[36]。其优点为原理简单、测量速度快、精度高，缺点是对物体表面特性和反射率有要求。结构光三角投影法是通过将已知的图案（通常是网格或水平线）投射到被测物体上，当产生的光线图案经由被测物体发射后，图像传感器会接收其变形信息[37]，根据这些变形的图像信息，可以计算得到被测物体的三维特征。因此，结构光法速度更快，处理方便。根据不同的光学结构，结构光法[38]可分为点结构光法、线结构光法、面结构光法和网络结构光法等。

1.4.3 激光三维扫描测量法

针对胶带输送机物料瞬时流量的激光测量方法研究较多，由于激光扫描比普通图像识别方法具有更高的测量精度和效率，且激光具有能量密度大、响应时间快等优点，相对于普通光源能获得井下黑色系煤块表面更大强度的反射回波，测量数据传输和处理速度快，可以实现胶带机运输煤量的在线实时监测。此外，大型煤炭和工矿企业也积极关注煤流检测技术，设计并研制了工业级的煤流量监测装置，如ABB公司在2016年研发的智能防爆煤流量扫描仪，用于对胶带机运输系统的煤流进行在线扫描和计算，可以准确地获得煤流的外形曲线，通过对应算法分析可以获得高精度的煤层高度值。

第2章 投影条纹相位测量原理

在第一章简介的光学表面形貌测量方法中，三角法（光切法）是最基本和比较成熟的技术，目前已有商业化的仪器出现，如日本 KEYENCE 公司的激光位移传感器。三角法的原理简单，数据量少，通过采用的投影方式和图像采集方式的不同，可以测量多种类型的物体表面，包括镜面、粗糙面、透明体等，测量范围从微米到米。但是该方法每次只能测量待测物体上一点或者一条线上的物体高度，要实现全场测量必须将测量设备加装到二维或一维扫描系统上，其垂直方向的测量分辨率取决于相机的分辨率、投影方向角以及激光光点或光带中心判断算法的精度。其水平方向的分辨率取决于扫描装置的移动步长。相比较而言，相位法测量则具有普通三角法不可比拟的全场、快速测量等优点。投影条纹相位法中条纹相位差的提取主要有相移算法和傅里叶变换算法。相移法测量精度较高，可以用较疏的光栅实现较高的测量精度，并且该方法对环境噪声不敏感，适用范围广，是投影条纹形貌测量法中较成熟的方法。但是在运动物体测量中不能同时获得多帧具有相移的条纹图，因此传统的相移法无法用于测量运动物体的三维形貌。相反傅里叶变换法最大的优势就在于该方法只需通过一帧变形的条纹图即可获得相位差信息，因此该方法在快速测量或动态物体测量领域具有广阔的应用前景。本章简要介绍投影条纹相位法的基本原理、系统组成、投影方式、相位提取算法和相位解包裹方法。

2.1 投影条纹相位测量系统

物体三维形貌的投影条纹相位法测量实际上是一种经过扩展的离面位移全场三角测量方法。传统的三角法测量中由激光器发射点式或者线式激光束到待测的测点，是用 CCD 靶面记录测点或线在靶面上的像素位置或位移来测量该点的离面高度或位移。每次测量只能获得一点或者一条线上的物体高度或位移信息。相位法同样是应用投影设备、待测物体、图像接收设备间的三角关系来获得物体表面的高度或位移信息，不同点在于该方法投影的是一幅结构光栅，由整幅结构光对待测物体表面进行光学编码。因为物体表面高度的变化会导致光栅条纹图的变形，即光栅相位发生了变化。采用不同的相位提取算法获得变形条纹图的相位，根据系统的几何布置关系即可计算物体表面的全场三维信息。因此该方法的测量系统一般由投影模块、图像采集模块、数据处理及显示模块组成，是一种光、机、电一体化装置。其典型的系统，组成如图 2-1 所示。

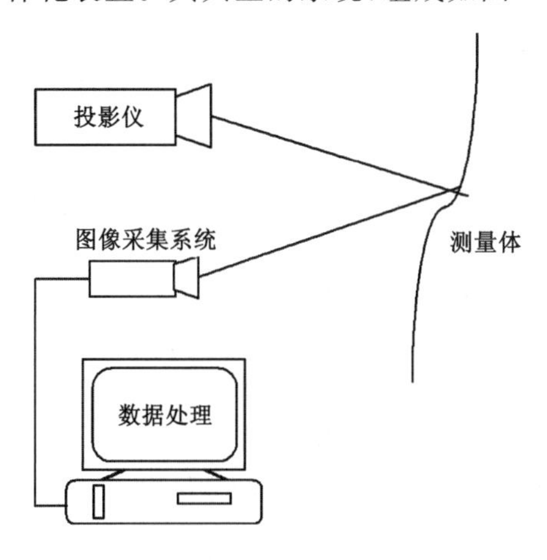

图 2-1　投影条纹相位法形貌测量系统组成

一般测量过程如下：

① 由投影装置投影编码结构光栅到待测物体表面，调整投影装置使得结构光清晰聚焦。针对不同的相位提取算法投影不同的结构光，当采用相移相位算法时，需要投影多帧具有一定相移量的正弦条纹，若采用傅里叶变换法或者简单的条纹中心线提取算法时，只需投影一帧正弦条纹图或二值光栅图即可。

② 调整 CCD 相机的镜头，对待测物体表面进行清晰的成像，采用传统的相移法时需要多次拍摄相移条纹图，傅里叶变换法则只需一次拍摄。由于待测物体的运动状态不同可以选用不同的 CCD 相机，如面阵或线阵相机分别用来拍摄静止和运动的物体。

③ 将采集到的待测物体的表面变形条纹图存储在个人计算机中，采用不同的相位提取算法提取物体表面高度变化或位移导致的条纹图相位变化信息，根据系统的三角结构关系计算待测物体的全场三维形貌或变形量。

下面分别介绍常用的投影装置、方法以及图像采集系统。

(1) 条纹投影方式

目前，投影条纹相位测量方法中条纹的投影方式主要有两种：一种为干涉法产生的物理条纹投影(如通过迈克尔逊干涉仪产生激光干涉条纹，剪切法产生剪切条纹等)，另一种为投影装置投影的数字条纹。这两种方式各有优点，干涉条纹的条纹光强线性度好，清晰度高；而数字条纹投影装置简单，相移量的控制方便。针对不同的测量精度要求和不同的相位分析方法往往采用不同的投影方式。

图 2-2 所示为由迈克尔逊干涉仪产生正弦干涉条纹投影。由 He-Ne 激光器发出一束激光通过半透半反镜后，光线被分割成两部分，一部分透过镜片投影到右侧的平面镜上，另一部分反射后投影到上侧的平面镜上，这两部分光线再分别沿着原路返回，在到达中间的半透半反镜后重新汇合，并相互干涉形成干涉条纹，经由扩束镜扩束后投影到待测物体表面。当相位分析算法为相移法时，必须获得具有一定相移量的多幅投影条纹，此时可以通过在干涉仪的一个干涉臂上加装移相装置来改变干涉条纹的初始相位，实现相移。具体做法为在如图 2-2 所示的上侧反射镜上加装一压电陶瓷位移设备，通过改变压电陶瓷两极的电压，达到改变干涉仪干涉臂长的目的。当采用固定步长相移算法时，每次的电压增量必须一致，使得条纹初始相位的改变量相等，且必须通过标定获得具体相移量。而采用傅里叶变换法提取条纹相位时，无须进行该相移操作。

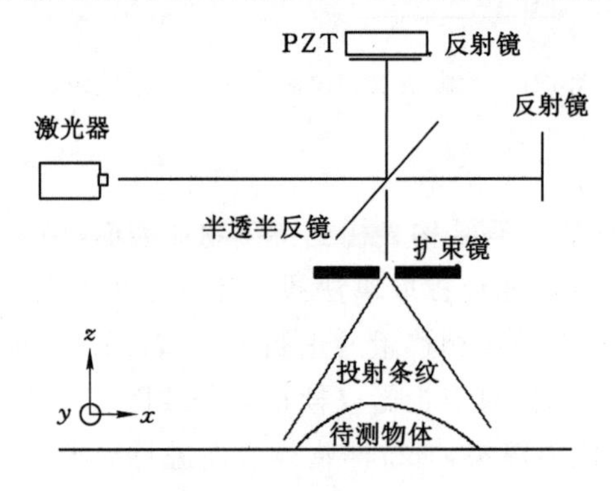

图 2-2　干涉条纹投影模式

直接投影数字条纹法的投影设备相对干涉法简单。随着近年来电子技术的发展，电子产品的质量、稳定性和价格均能满足当前多数测量要求。目前的研究工作或工程应用中采用较多的为 LCD 或 DMD 的数字投影仪投影。数字投影仪投影对环境的敏感度较低，故其适用范围比激光干涉法要广。而且由于数字投影仪和计算机直接相连，其光栅周期和相移量等参数的改变变得非常方便。通过电脑编程可以产生任意栅距和相移量的数字条纹，有效地降低了相移法测量中的相移误差。同时它还可以调整投影正弦条纹的对比度，修正图像系统非线性等，有利于提高相位测量的精度。本章中的实验研究均采用这种条纹投影方式。

(2) 图像采集系统

图像采集系统由 CCD 相机和图像采集卡组成，采集到的数字图像存储在个人计算机中。CCD 相机在科研和工业检测中的应用已经相当广泛，而且相机的种类繁多，性能差异较大，针对不同的工况要求可选用不同性能的相机。相机和计算机的连接也有多种方式，如 Cameralink 接口、USB 接口和千兆网接口等，特别是新兴的千兆网接口模式使用方便。在计算机中存储的数字图像可以有多种格式选择，将其导入各种不同的相位计算程序可快速获得待测物体的三维形貌信息。在普通的静态物体三维形貌测量中一般选用面阵 CCD 相机，针对采样的分辨率和采样速度的不同要求可以选用不同性能的面阵 CCD 相机；针对运动物体表面测量时，可以采用高性能线扫描相机或 TDI-CCD 扫描积分相机。本章的实验研究分别采用 CS8620i 面阵相机和 AVIIVA SM22010 线阵扫描相机。

2.2　物体表面高度与条纹相位的关系

当待测物体尺寸较小时可以采用投影平行光栅法，而测量对象尺寸较大时，由于光源的尺寸有限无法对全场进行平行投影，这时应采用发散投影方式。由于投影方式不同，投影条纹相位测量中待测物体表面高度与条纹相位的关系也有所不同。

(1) 平行投影方式

当待测物体尺寸较小时，采用平行投影方式。此时可以通过适当的光学元件(如透镜)对投影仪或者干涉仪投影出的光栅进行校正。改变投影装置和透镜间的距离，使得投影光源的原点在透镜的焦点上，此时透过透镜的光场为平行光场。图 2-3 为平行投影时的系统光路图。平行条纹沿着入射角 α 投影到参考面和待测物体上，参考面为图中 x-y 面，图像观察方向为竖直方向，光栅的栅距为 p。

设 A_1 点为条纹初始相位点，物体上一待测点 Q 沿着投影方向和拍照方向在参考面上的对应的两个投影点分别为 R 和 S，且 R 和 S 两点相对于 A_1 点的相位 φ_R、φ_S 分别为：

$$\begin{aligned} \varphi_R &= 2\pi \overline{A_1R}/p \\ \varphi_S &= 2\pi \overline{A_1S}/p \end{aligned} \tag{2-1}$$

从图 2-3 可得：

$$\overline{RS} = \overline{A_1R} - \overline{A_1S} \tag{2-2}$$

由式(2-1)和式(2-2)可得，

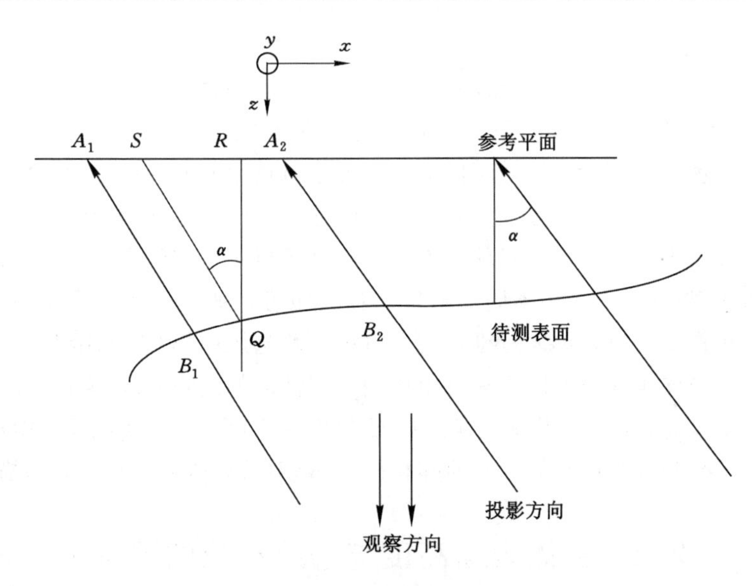

图 2-3　平行投影的系统光路图

$$\overline{RS} = p(\varphi_R - \varphi_S)/2\pi \tag{2-3}$$

物体表面的待测点 Q 距离参考面的高度为：

$$\overline{RQ} = \overline{RS}/\tan\alpha \tag{2-4}$$

将式(2-3)代入式(2-4)可得：

$$\overline{RQ} = p(\varphi_R - \varphi_S)/(2\pi\tan\alpha) \tag{2-5}$$

由于 S 点是 Q 点沿着投影方向在参考面上的投影点，故 S 点是 Q 点的条纹相位相同，即：$\varphi_Q = \varphi_S$。故式(2-5)可改写成：

$$\overline{RQ} = p(\varphi_R - \varphi_Q)/(2\pi\tan\alpha) = p\Delta\varphi/(2\pi\tan\alpha) \tag{2-6}$$

因此，只需获得待测点 Q 位置在参考条纹图像和变形条纹图像中的相位差值，由式(2-6)即可计算出该点相对于参考面的高度值 $h(\overline{RQ})$。由此推广，可计算待测物体全场的表面高度信息。

(2) 发散投影方式

当待测物体尺寸较大时，平行投影的光源大小不足以覆盖整个待测物体表面，此时一般采用发散投影方式。即可近似认为从点光源投影一束发射的光场。此时，参考面上的每条条纹的栅距不同，物体表面高度与由其引起的条纹的相位变化间存在非线性关系。

图 2-4 为发散投影系统的几何光路，P 点为投影的点光源中心，I 为成像系统的 CCD 靶面的中心，且 P 点和 I 点距离参考面的高度一致。投影系统投影发散的正弦光栅到参考面和待测物体表面上，条纹方向沿着图中 y 方向。CCD

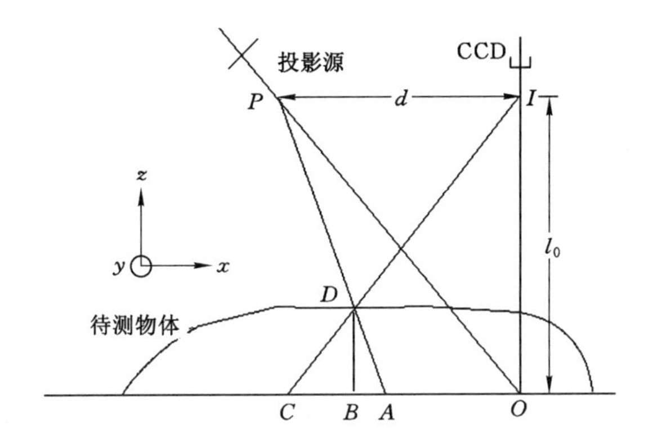

图 2-4　发散投影的系统光路图

相机的光轴垂直于参考面。当参考面上放置待测物体后，条纹发生变形，即其相位发生了变化。以物体上的待测点 D 为例，放置待测物体前后该点的相位值分别记为 φ_C 和 φ_D，且待测点 D 和参考平面上 A 点同处在同一条投影线上，故，

$$\varphi_D = \varphi_A \tag{2-7}$$

因此，

$$\overline{AC} = \Delta\varphi_{CA}/(2\pi f) = \Delta\varphi_{CD}/(2\pi f) \tag{2-8}$$

其中 $\Delta\varphi_{CD}$ 为待测点 D 点相对于参考平面上的 C 点的相位差。由于投影系统为发散式，$\Delta\varphi_{CD}(x,y)$ 为 x 的非线性函数。根据投影、拍照系统的结构参数，可以建立参考面坐标 (x,y) 与物体表面高度变化导致的相位差分布 $\Delta\varphi_{CD}(x,y)$ 之间一一对应的映射关系。

图 2-4 中 ΔPDI 与 ΔADC 相似，由三角形相似的性质可得，物体上的待测点 D 相对于参考平面的高度为，

$$h(x,y) = \frac{\overline{AC}(l_0/d)}{1+\overline{AC}/d} \tag{2-9}$$

式中，d 为投影点和图像采集点间的距离；l_0 为 CCD 相机靶面到参考平面的垂直高度。

2.3　条纹相位提取算法

从待测物体表面高度和投影条纹相位变化的关系可得，如何提取变形条纹图相对于参考条纹图的相位变化是相位形貌测量技术的核心点。目前较为成熟且应用广泛的两种相位提取算法分别为相移相位法和傅里叶变换相位法。

2.3.1　相移法

(1) 传统固定步长相移算法

相移法提取条纹相位要求投影并拍摄具有一定相移量的条纹序列，由三元及以上的方程组来求解变形条纹图中的相位差值。设分别投影 N 幅正弦条纹进行测量，且相邻两幅条纹图间的初始相位差为 $2\pi/N$，则由 CCD 相机记录的条纹图可以表示为，

$$I_i(x,y)=a(x,y)+b(x,y)\cos\left[\varphi(x,y)+\frac{2\pi(i-1)}{N}\right] \tag{2-10}$$

其中，I_i 为记录的第 $i(i=1,2,\cdots,N)$ 幅条纹图的光强分布；$a(x,y)$ 为条纹图中各点的背景光强；$b(x,y)$ 为条纹对比度；$\varphi(x,y)$ 为条纹图的相位值。因此式(2-10)中有三个未知数 $a(x,y)$,$b(x,y)$ 和 $\varphi(x,y)$，即至少需要三个方程组求解，$N\geqslant 3$。分别获得不同的相移量对应的各幅数字条纹图，由式(2-10)组成的方程组可得条纹图的相位 $\varphi(x,y)$，

$$\varphi(x,y)=\arctan\frac{\sum\limits_{i=1}^{N}I_i(x,y)\sin[2\pi(i-1)/N]}{\sum\limits_{i=1}^{N}I_i(x,y)\cos[2\pi(i-1)/N]} \tag{2-11}$$

同理，通过投影 N 幅具有相同相移量的条纹到系统的参考面上，由式(2-11)可以获得参考条纹的全场相位分布 $\varphi_0(x,y)$。相减得到由物体表面高度引起的待测物体表面的变形条纹图的相位差 $\Delta\varphi(x,y)$。

(2) 任意等步长相移算法

上述固定步长相移算法要求相邻两帧条纹图间的相位差不仅相等，而且要精确控制为 $2\pi/N$。这点对于数字条纹投影测量较容易满足，但是在采用干涉法条纹投影时，必须进行精确地相移量标定。此时难以准确地控制条纹的相移量，且操作复杂。因此必须寻求测量条件要求更宽松、适用范围更广的相移相位算法。

其中任意等步长相移算法对条纹相移量的要求有所降低，只需相邻条纹间的相移量相等即可，具体相移量大小不作限制。下面简单介绍目前已有的几种任意等步长相移算法。

设 β 为相邻条纹间的相移量，投影并采集 5 帧相移条纹图，同一待测点对应的光强值分别为：I_0、I_1、I_2、I_3 和 I_4。

① Carre 算法

相位值为

$$\varphi=\tan^{-1}\left(\frac{\sqrt{[(I_1-I_4)+(I_2-I_3)][3(I_2-I_3)-(I_1-I_4)]}}{(I_2+I_3)-(I_1+I_4)}\right)-\frac{\beta}{2} \tag{2-12}$$

从式(2-12)可以发现，Carre 算法计算相位时只需要 4 个光强值，即只需作

三步相移。

② Schwiders 算法

该算法需要求出相移量 β 后，再计算相位值，其中

$$\beta = \arccos\left[\frac{I_1 - I_2 + I_3 - I_4}{2(I_2 - I_3)}\right] \tag{2-13}$$

相位值为

$$\varphi = \tan^{-1}\left[\frac{(I_2 - I_0)(\cos\beta - 1) - (I_1 - I_0)(\cos 2\beta - 1)}{\sin\beta(I_2 - I_0) - \sin 2\beta(I_1 - I_0)}\right] \tag{2-14}$$

③ Stoilov 算法

相位值为

$$\varphi = \tan^{-1}\left\{\frac{4\,(I_1 - I_3)^2}{(2I_2 - I_0 - I_4)\,\sqrt{4\,(I_1 - I_3)^2 - (I_0 - I_4)^2}}\right\} \tag{2-15}$$

以上三种任意等步长相移算法公式中均不含有相移步长量 β 值，从算法角度消除了对相移步长量 β 的依赖性。本章后续基于传统相移技术改进的抑制饱和算法即由 Carre 算法推导而来。

2.3.2　傅里叶变换法

傅里叶变换法提取变形条纹图相位的最大优点在于该方法只需要一幅变形条纹图。对变形条纹图进行傅里叶变换，通过合适的频率滤波窗口获得基频信息，将其移至零频位置后再作逆傅里叶变换，即可获得物体表面高度导致的相位差信息，由此测量物体三维形貌。

将变形条纹图中的每一行数据看作是被一列正弦函数调制了的一维相位信号。由 CCD 相机记录的数字变形条纹的光强表达式如下，

$$I(x,y) = a(x,y) + b(x,y)\cos[2\pi f_0 x + \varphi(x,y)] \tag{2-16}$$

式中，$f_0 = 1/p$ 为投影光栅在参考面上的未变形条纹的空间频率，p 为条纹栅距，$a(x,y)$ 是条纹图的背景光强，$b(x,y)$ 是条纹对比度，$\varphi(x,y)$ 是待测的变形条纹图相位。根据由欧拉公式原理，式(2-16)可改写成如下形式，

$$I(x,y) = a(x,y) + c(x,y)\exp(2\pi j f_0 x) + c^*(x,y)\exp(-2\pi j f_0 x) \tag{2-17}$$

其中

$$c(x,y) = [b(x,y)/2]\exp[j\varphi(x,y)] \tag{2-18}$$

式中，$c^*(x,y)$ 为 $c(x,y)$ 的共轭复数。对式(2-17)所示的一维光强信号 $I(x,y)$ 沿着中 x 方向进行一维傅里叶变换，可得，

$$F[I(x,y)] = A(f,y) + C(f - f_0,y) + C^*(f - f_0,y) \tag{2-19}$$

式中，$F[I(x,y)]$、$A(f,y)$、$C(f - f_0,y)$ 和 $C^*(f - f_0,y)$ 分别表示

$I(x,y)$、$a(x,y)$、$c(x,y)$、$c^*(x,y)$ 对应频域中傅里叶频谱。在实际的测量中，由于 $a(x,y)$、$b(x,y)$ 和 $\varphi(x,y)$ 这三个量相对于条纹的空间频率 f_0 变化较为缓慢，因此可以采用合适的滤波窗口将频域中的零频及高频分量滤掉，仅保留条纹图空间频率对应的基频分量 $C(f-f_0,y)$，并对该部分频谱分量作移频处理，将其移至零频中心位置得到 $C(f,y)$，对 $C(f,y)$ 作逆傅里叶变换可以得到 $c(x,y)\exp(2\pi j f_0 x)$。因此，变形条纹图的相位为

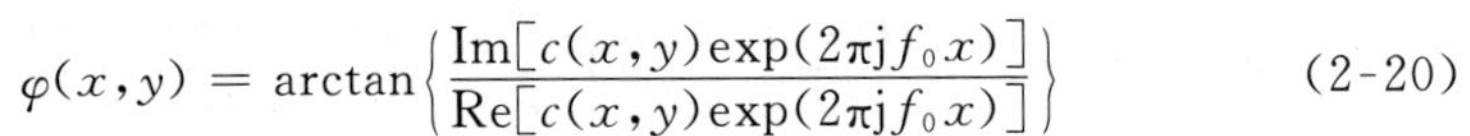

$$\varphi(x,y)=\arctan\left\{\frac{\mathrm{Im}[c(x,y)\exp(2\pi j f_0 x)]}{\mathrm{Re}[c(x,y)\exp(2\pi j f_0 x)]}\right\} \tag{2-20}$$

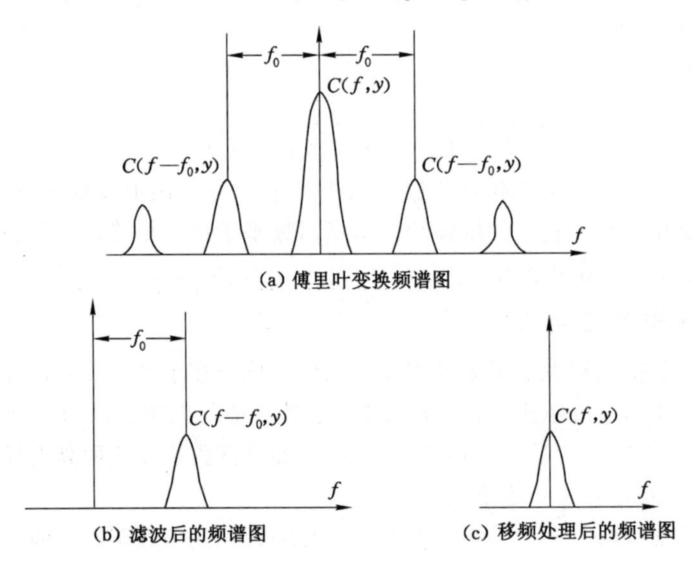

图 2-5　傅里叶变换原理

2.3.3　相位解包裹

因为相移法和傅里叶变换法的最终的相位计算公式都是利用反正切函数求解变形条纹图的相位值，所以由此获得的相位值均分布在$[-\pi,+\pi]$之间。当物体表面形状变化较大，引起的相位变化值超过 2π 时，由上述的相位求解公式获得的相位分布曲线存在间断和跳跃，即相位包裹。为了获得真实的相位值，需要对其进行相位解包裹运算，获得连续分布的真实相位值。目前关于各种相位解包裹方法的研究较多，主要集中在如何克服由于实验噪声误差或待测物体表面不连续等因素引起的相位解包裹错误，提高算法的实用性。下面介绍一种最常用的相位解包裹算法（顺序扫描法）的原理，也是本章实验研究中所采用的算法。

顺序扫描法是分别从行、列两个方向做一维扫描，判断相位包裹并纠正。具

体算法如下：

先设置一个阈值 T，$\pi \leqslant T \leqslant 2\pi$。在已获得的条纹相位主值图中选取一点，作为算法开始的起点。从该点开始沿着行或列方向进行扫描，比较相邻两点间的相位主值的差值，当主值差的大于阈值 T 时，该点的相位主值出现一个截断，此时需要对该点及以后的所有点减去 2π；相反，如果主值差的小于阈值 $-T$ 时，此时需要对该点及以后的所有点增加 2π。用 $\varphi(i,j)$ 表示含有包裹的某一点相位主值，$N_{i,j}$ 为该点的条纹级数(起始点位置的条纹级数记为 0)，分别沿着四个方向扫描，其相位修正的准则具体为：

向下扫描：

$$N_{i,j} = \begin{cases} N_{i-1,j} \text{ for } |\varphi(i,j) - \varphi(i-1,j)| \leqslant T \\ N_{i-1,j-1} \text{ for } \varphi(i,j) - \varphi(i-1,j) > T \\ N_{i-1,j+1} \text{ for } \varphi(i,j) - \varphi(i-1,j) < -T \end{cases} \tag{2-21}$$

向上扫描：

$$N_{i,j} = \begin{cases} N_{i+1,j} \quad \text{for } |\varphi(i,j) - \varphi(i+1,j)| \leqslant T \\ N_{i+1,j-1} \quad \text{for } \varphi(i,j) - \varphi(i+1,j) > T \\ N_{i+1,j+1} \quad \text{for } \varphi(i,j) - \varphi(i+1,j) < -T \end{cases} \tag{2-22}$$

向左扫描：

$$N_{i,j} = \begin{cases} N_{i,j-1} \quad \text{for } |\varphi(i,j) - \varphi(i,j-1)| \leqslant T \\ N_{i,j-1-1} \quad \text{for } \varphi(i,j) - \varphi(i,j-1) > T \\ N_{i,j-1+1} \quad \text{for } \varphi(i,j) - \varphi(i,j-1) < -T \end{cases} \tag{2-23}$$

向右扫描：

$$N_{i,j} = \begin{cases} N_{i,j+1} \quad \text{for } |\varphi(i,j) - \varphi(i,j+1)| \leqslant T \\ N_{i,j+1-1} \quad \text{for } \varphi(i,j) - \varphi(i,j+1) > T \\ N_{i,j+1+1} \quad \text{for } \varphi(i,j) - \varphi(i,j+1) < -T \end{cases} \tag{2-24}$$

则解包裹成功后的真实相位值 $\varphi'(i,j)$ 为

$$\varphi'(i,j) = 2\pi N_{i,j} + \varphi(i,j) \tag{2-25}$$

投影条纹相位法测量物体三维形貌中，目前应用较广的相位提取算法主要有相移法和傅里叶变换法。这两种方法各自的优缺点在第 2 章中已有详细的讨论。相移法的优点为：对背景光强、条纹对比度、物体表面反射率和环境噪声的变化不敏感，具有较高的测量精度。目前已发展了多种不同相移算法，其中相当一部分算法是为了更好克服不同测量误差而提出的。一般情况下用相移法计算相位需要三幅及以上的相移条纹图，故该方法在多数情况下只能应用于静态物体形貌的测量，无法用来测量运动物体的三维形貌。相反，傅里叶变换法相对于

相移法省去了复杂的相移装置,设备更简单,只需要一幅被测物体的变形条纹图就可以计算物体的三维形貌。因此傅里叶变换法在实时和动态测量领域应用较广泛。它存在的主要问题是可测量的物体表面的曲率变化范围有限,在物体的表面突变处测量精度较低。

目前,已有研究人员设计出了新的光学图像三维形貌测量系统,并将相移技术引入到快速测量或者运动物体测量中,Peisen S. Huang 等提出了一种基于彩色复合条纹投影的相移测量方法,实现物体形貌的快速测量,该方法也可以应用于运动物体三维形貌测量;S. Yoneyama 和 Y. Morimoto 在动态物体三维形貌测量中采用多线阵的方法,通过合理地布置多线阵的物理位置,在不同的扫描图像之间实现了相移。本章基于普通面阵黑白 CCD 相机,提出了一种新的运动物体表面形貌相移测量方法,提高了运动物体表面形貌测量的精度。

2.4 两种运动物体相移测量方法介绍

2.4.1 基于彩色复合条纹投影的快速相移法

在投影条纹相移法测量物体三维形貌时,在多数情况使用的是单色条纹,即只含有光强变化的信号,图像的采集采用黑白 CCD 相机即可。但是该方法要求分别多次投影和拍摄不同的相移量的条纹,在测量过程中操作较为复杂、费时。因此,如果将含有红、绿、蓝三种颜色的条纹复合在一起投影到待测物体表面,且这三种颜色间具有一定的相移量。以两步相移算法为例,即需要三幅条纹图计算物体表面的变形相位。此时将相移量分别为$-\frac{2\pi}{3}$、0、$\frac{2\pi}{3}$的红、绿、蓝三色光栅复合成彩色条纹通过投影仪投影到待测物体上,图像采集设备采用彩色 CCD 相机和彩色图像采集卡。由于物体对红、绿、蓝三种颜色的反射率系数和相机对这三种颜色的灵敏度不同,所以相机拍摄得到的变形后的数字条纹图中红、绿、蓝三种颜色对应的条纹分量的背景光强和条纹对比度不尽相同,需要采用相应的算法进行校正。校正后的光强如式(2-26)。

$$\begin{cases} I_1(x,y) = I'(x,y) + I''(x,y)\cos[\varphi(x,y) - 2\pi/3] \\ I_2(x,y) = I'(x,y) + I''(x,y)\cos[\varphi(x,y)] \\ I_3(x,y) = I'(x,y) + I''(x,y)\cos[\varphi(x,y) + 2\pi/3] \end{cases} \tag{2-26}$$

式中,$I'(x,y)$ 为校正后条纹的平均背景光强,$I''(x,y)$ 为校正后的条纹对比度。采用经典的两步相移法公式(2-27)计算其相位分布。

$$\varphi(x,y) = \tan^{-1}\left(\sqrt{3}\,\frac{I_1 - I_3}{2I_2 - I_1 - I_3}\right) \tag{2-27}$$

由此可见,在整个测量过程中可以一次性地投影和采集具有相移量的不同条纹的光强数据,故该方法可以用来快速测量物体的三维形貌。

由于该方法具有快速测量的特点,经过改进后可应用于运动物体的三维形貌测量中。即在待测物体与测量系统间具有相对运动时,通过连续的不间断的拍摄物体表面的条纹图和实时的存储数据图像,分别计算其表面形貌,再进行数据连接获得物体在整个运动方向上的三维形貌信息。

2.4.2　多线阵同步扫描相移法

该方法采用多线阵扫描技术将相移技术应用于运动物体三维形貌测量中。实验系统的设计是将多条线扫描 CCD 单元平行地安装在一个相机的靶面上,每条扫描线间的距离相等,且该距离和系统的布置关系、放大比等因素共同决定了相移算法中的相移量。系统的设计原理如图 2-6 所示。待测物体放在载物台上,由电机控制沿着 x 方向运动;特殊设计的相机采用 3 条扫描线阵布置,其光轴垂直于待测物体;通过投影仪以一定的投影角投影数字条纹到待测物体表面,对其进行光学编码,条纹方向垂直于物体运动方向。在测量过程中无须外在的机械或电子式移相设备,同时获得具有一定相移量的物体表面变形条纹图,其相移量的大小需要标定获得。且由于三条扫描线的物理位置不同,获得的三幅条纹图中同一物体表面测点的像素位置不同,需要进行校正。将三幅条纹图的光强数据代入式(2-27)的算法即可获得条纹相位,经解包裹处理并由系统的几何关系可计算物体表面的三维形貌。

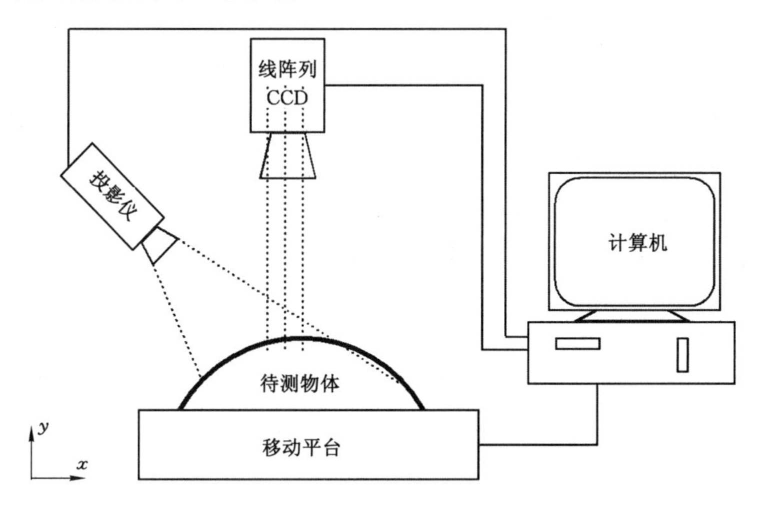

图 2-6　三线阵相移测量系统原理图

2.5 基于单面阵相机的运动物体相移测量原理

以上介绍了两种基于相移技术的物体形貌快速测量和运动物体形貌测量方法，这两种方法对图像采集硬件的要求较高，分别为彩色 CCD 相机和三线阵扫描相机，特别是三线阵扫描相机需要定做，设备成本较高。因此，本章提出一种改进的运动物体表面形貌相移测量技术，即采用黑白灰度面阵 CCD 相机实现运动物体的相移法相位测量。

传统的相移法测量物体三维形貌需要投影三幅或以上的具有一定相移量的数字条纹图到待测物体表面，采用 CCD 相机分别拍摄对应的变形条纹图，代入相移算法公式计算条纹图的相位分布，再根据系统的投影、拍摄几何关系反求物体表面的三维形貌。所以在运动物体的三维形貌测量中，由于测量系统的相对运动的特性与多幅条纹的投影和拍摄间存在矛盾。本方法采用图像拍摄区域重叠技术实现运动物体表面每个区域能被多次投影和拍照，具体原理如下。

设计的测量系统的光学布置与图 2-6 相似，不同的地方是其中的图像采集设备更换为普通的黑白面阵 CCD 相机，相机和投影仪均与计算机相连，由计算机控制。为了将相移技术引入运动物体表面形貌测量，当物体相对图像测量系统做匀速运动时，将具有一定相移量的数字条纹图通过投影仪循环投影到待测的运动物体表面。投影过程中由计算机控制自动切换条纹图实现相移，且每次相移切换之间的时间间隔固定，记为 Δt。投影条纹的方向和物体的运动方向相同，且在本章讨论中条纹的相移量为 $\frac{2\pi}{3}$，即采用两步相移技术。采用黑白面阵 CCD 相机连续的拍摄不同的相移条纹图，拍摄的时间间隔也为 Δt。且为了保持相机拍照和条纹投影的同步，条纹投影和相机拍照的时序图如图 2-7 所示。由于待测物体相对图像测量系统是运动的，所以图 2-7 中所示的相机曝光时间 t_e 必须足够短，以最大限度来降低图像的模糊误差。通过计算机精确地控制条纹的投影时间间隔 Δt，物体上的每一点可以被拍摄三次，且这三次的图像中该点处的光强值具有 $\frac{2\pi}{3}$ 的相移量。模拟的拍摄条纹如图 2-8 所示，从图中可以发现，每相邻的三幅条纹图之间均有一块重叠的区域，如区域 A、B 和 C。因此，区域 A、B 和 C 内的物体上的每一点的光强值均被相机记录了三次，都可以用相移相位算法

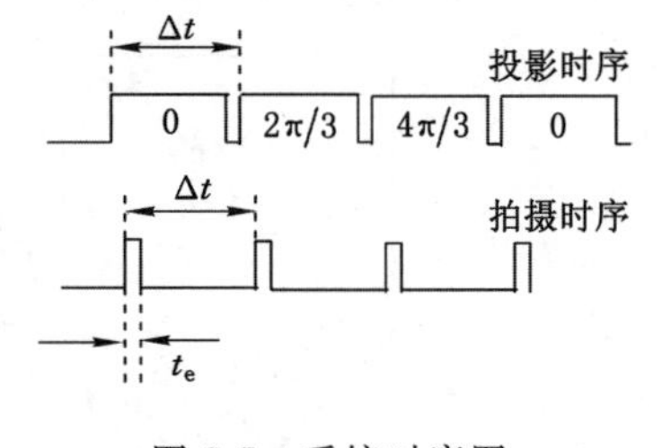

图 2-7 系统时序图

计算该点的相位信息。

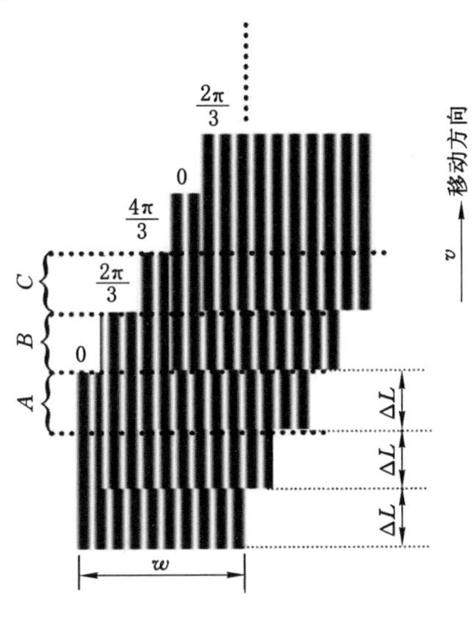

图 2-8　模拟条纹图

图像区域内对应的物体实际宽度记为 w，运动物体和图像采集系统间的相对运动速度为 v，CCD 相机的图像分辨率为 $m \times n$ 像素，像元的尺寸大小为 $s_H \times s_V \mu m$。为了使得物体上的每个区域都能被拍摄三次，且图像连接良好，投影装置和图像采集装置的投影和采集时间间隔必须满足下式，

$$\Delta t = \frac{nws_V}{3ms_H v} \tag{2-28}$$

测量系统必须相对运动物体匀速运动，且运动速度已知。在验证性实验中，由于待测物体被固定在载物平台上，物体的运动速度可以通过位移平台的控制系统的设置值获得。在实际的测量中，运动速度可以通过测量获得，并和其他的系统参数一起代入式(2-28)，计算时间间隔 Δt。所以可以通过旋转速度编码器自动地获得物体的相对运动速度反馈给计算机，自动设置图像采集的时间间隔 Δt。

然而，待测物体的最大相对运动速度受到 CCD 相机的帧速率以及图像卡的数据采集和传输速度的限制。为了使得采集到的条纹图像清晰度较高，减小误差，本系统要求在相机的曝光时间内待测物体和图像测量系统间的相对图像位移小于 1 个像素，即图像的模糊误差可以忽略不计。也就是说，在相机的曝光时间内待测物体和图像测量系统间的相对实际位移应小于 $\frac{ws_V}{ms_H}$。因此 CCD 相机的曝光时间设置必须满足以下关系：

$$t_e < \frac{ws_{\mathrm{V}}}{ms_{\mathrm{H}}v} \tag{2-29}$$

本章的实验研究所用的 CCD 相机为 Model:CS8620i(TOSHIBA),其图像分辨率为 768×576 像素,像元尺寸的大小为 8.6 μm×8.3 μm,相机的最大帧速率为 50 Hz。因此图像采集和投影的时间间隔最小值为 $\Delta t_{\min} = \frac{1}{50}$ s。由式(2-3)可得,当待测物体的实际宽度为 1 m 时物体的相对运动速度必须小于12.06 m/s。

2.6 改进相移相位提取算法

当投影条纹的光强均匀分布时,可以近似认为物体上同一点在三次拍摄的过程中的背景光强和条纹对比度是相等的。例如,对于重叠的图像区域 A,由 CCD 相机记录的数字条纹图的光强表达式如下,

$$I_i(x,y) = a + b\cos[2\pi f_0 x + \varphi(x,y) + 2\pi i/N] \quad i = 0,1,2,\cdots,N-1, \tag{2-30}$$

式中,I_i 为第 i 次相移对应的条纹图的光强,a 为条纹图的背景光强,b 为条纹图的对比度,f_0 为条纹图的空间频率,N 为具有相移的条纹图的帧数,φ 为待求的条纹相位。

采用传统的 $N-1$ 步相移相位算法计算区域 A 内的条纹相位,具体公式如下:

$$\varphi_{\mathrm{A}}(x,y) = \arctan\left\{-\frac{\sum_{i=0}^{N-1} I_i(x,y)\sin\left(\frac{2i\pi}{N}\right)}{\sum_{i=0}^{N-1} I_i(x,y)\cos\left(\frac{2i\pi}{N}\right)}\right\} \tag{2-31}$$

由式(2-30)得到的条纹相位分布在[−π/2,π/2]范围内,采用相位扩展技术将其扩展到[0,2π]内,便于后续解包裹处理。本章讨论的方法的条纹相移量为 $\frac{2\pi}{3}$,即可以将拍摄的每一幅条纹图平均被分割成三部分,公式(2-31)可以简化为:

$$\varphi_{\mathrm{A}}(x,y) = \arctan\left[\frac{\sqrt{3}(I_2 - I_1)}{2I_0 - I_1 - I_2}\right] \tag{2-32}$$

同样,区域 B 和 C 部分内的条纹相位也可以采用上述类似的相移法计算。由于投影装置的相移和图像的拍摄是循环进行的,区域 B 和 C 部分内条纹的初始相位相对区域 A 发生了变化,所以公式(2-31)应改写为,

$$\varphi_B(x,y)=\arctan\left[\frac{\sqrt{3}(I_2-I_1)}{2I_0-I_1-I_2}\right]-\frac{2\pi}{3} \tag{2-33}$$

$$\varphi_C(x,y)=\arctan\left[\frac{\sqrt{3}(I_2-I_1)}{2I_0-I_1-I_2}\right]-\frac{4\pi}{3} \tag{2-34}$$

要获得物体表面形貌变化导致的条纹相位变化量，需要在静止状态下先获得一参考面的相位分布，减去参考面的相位并解包裹处理后即可获得各区域物体的表面形貌对应的相位差。然后将区域 A、B 和 C 部分的条纹相位差相连接，形成对应的整幅图像的条纹相位差。在物体运动方向上重复上述过程，则可实现运动物体三维形貌的在线连续测量。

然而，由于在不同幅的相移条纹图中同一物体点上对应的图像的拍摄视角有所不同，在三角法高度测量原理中由此导致的相位变化量也有所不同，因此引入了测量误差。可以通过调整图像测量系统的物距和视场大小来降低该误差，使其达到工程测量可允许的范围。

2.7　实验及结果分析

实验系统如图 2-9 所示，系统由投影仪、面阵 CCD 相机、透镜、移动位移平台和计算机组成。相机的图像分辨率为 768×576 像素，拍摄的图像宽度对应的物体实际尺寸为 100 mm。通过调整透镜和投影仪间距，使得投影仪投影的散射光场通过透镜后平行投影到待测物体上，投影入射角为30°。用来验证该测量方法可行性的实验试件如图 2-10 所示，该试件为一含有表面凹陷的平板，凹陷处的半径和深度分别为 26 mm 和 8 mm。测量前在静止情况下由传统相移法计算获得参考面的相位分布。待测试件固定在位移平台上，该物体的相对运动速度设置为 0.2 m/s。为了同步条纹投影和图像采集系统，从公式(2-28)可得相机的拍摄时间间隔 Δt 设置为 120 ms，即相机的帧速率为 8.33 Hz。相机的曝光

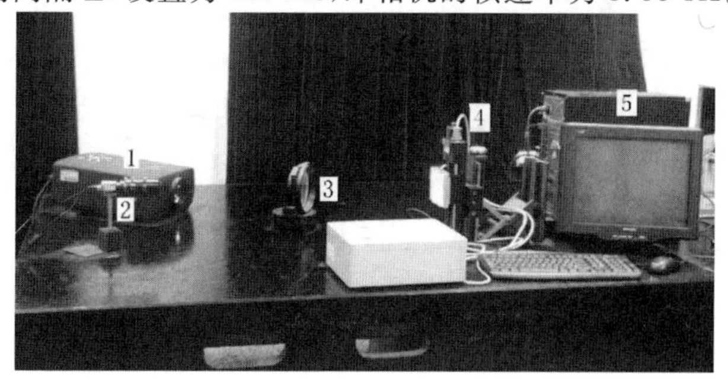

图 2-9　系统装置

时间设置为0.1 ms，满足式(2-29)的要求，从而得到较清晰的变形条纹图。图像采集系统自动采集了五幅具有一定相移量的变形条纹图，且条纹的栅距为5.3 mm。

图 2-10 待测试件

测量系统采集的五幅变形条纹图分别如图 2-11 所示。可以发现，在每相邻的三幅条纹图中存在一部分对应待测物体上的重叠部分。分别标记为区域 A、B 和 C，每个区域均被先后拍摄了三次，且三次拍摄时投影的条纹间具有固定的相移量。故由式(2-32)至式(2-34)可分别计算物体表面三部分的变形条纹图的相位分布。再减去参考面相位可得物体表面高度变化导致的相位差。

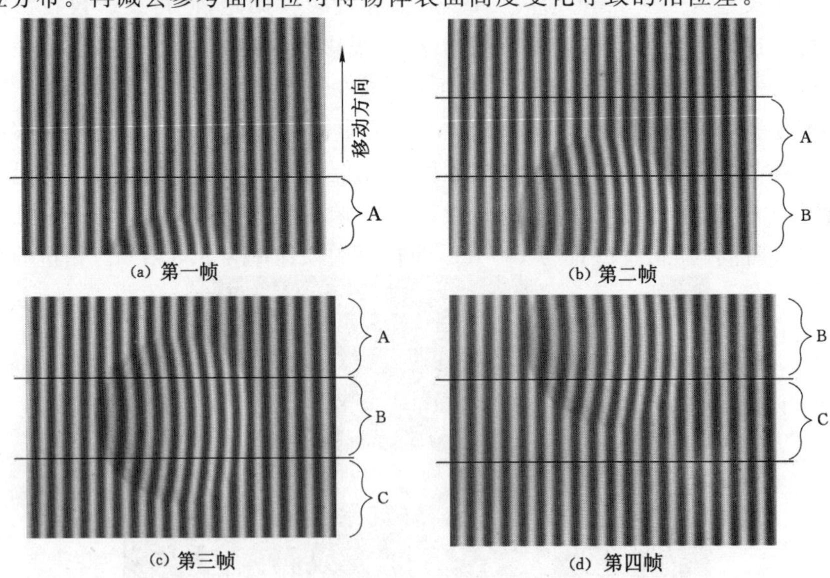

图 2-11 变形条纹图

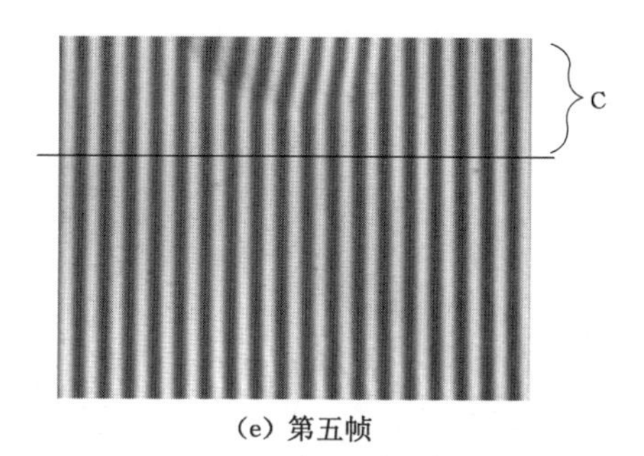

(e) 第五帧

图 2-11(续)

区域 A、B 和 C 部分的相位差分布图分别如图 2-12(a)、(b)和(c)所示。将这三部分相位图连接起来,可得待测运动物体表面全场相位差分布,如图 2-13 所示。通过测量系统布置的几何关系,计算物体表面的三维形貌如图 2-9 所示,实验结果与实际试件表面形貌吻合良好。进一步分析表明,图 2-8 中存在一种周期性的相位波动误差,该误差主要由物体运动速度不稳定引起的不同帧图像中同一待测点的位置匹配误差导致的。在本实验中该误差的波动幅度为

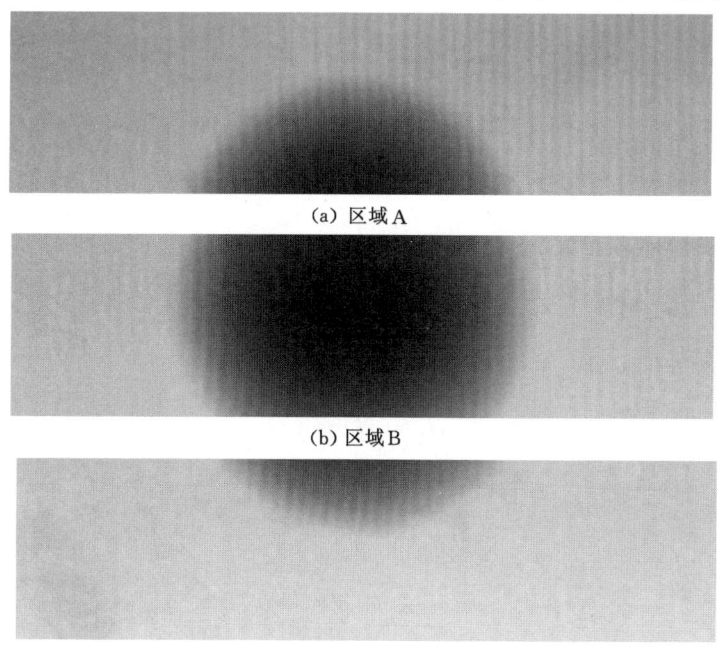

(a) 区域A

(b) 区域B

(c) 区域C

图 2-12　相位差图

0.1 rad,由此导致的物体表面形貌的测量误差为 0.25 mm。

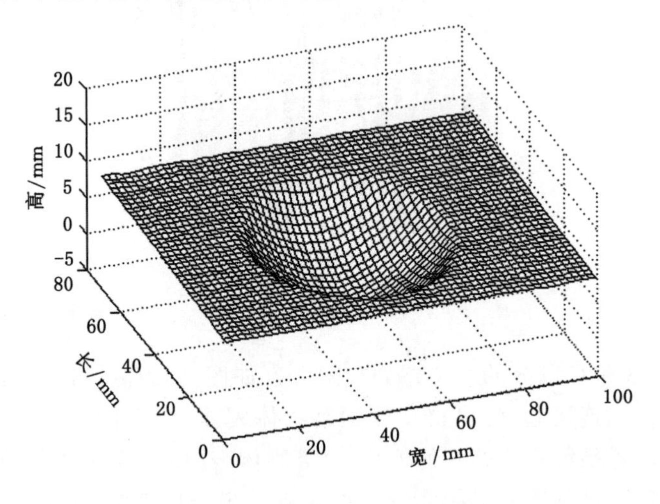

图 2-13 复原的试件三维形貌

第 3 章　基于线扫描的运动物体三维形貌测量

运动物体的三维形貌的测量的基本原理及分析方法与静态物体测量方法类似，不同之处在于物体表面变形条纹图的图像采集系统的差异。第二章中已经提出了一种基于单面阵相机的运动物体三维形貌相移测量方法，该方法可以测量匀速运动的物体的三维形貌。然而，由于面阵相机的帧速率和数据传输速度的限制，该方法的测量范围受限，只能适用于低速运动物体的表面形貌测量，不适用于对于复杂工况下的变速运动物体的三维形貌测量。线扫描相机由于其独特的成像方式和数据传输模式，在运动物体成像中应用广泛。如工业产品质量检测、航拍、道路病害扫描领域。目前在运动物体三维形貌测量中，采用线阵相机成像的研究较少，S. Yoneyama 等设计了一种三线阵扫描相机，其主要目的是将相移技术引入到动态物体的三维形貌测量中，但是该方法的缺点是系统复杂，线阵间匹配误差较大，易产生较大的相移误差。C. J. Tay 等采用 TDI 线扫描相机测量转动物体的三维形貌，该相机可以实现弱光环境下的图像自动增强，但未涉及变速运动物体的三维形貌测量。本章采用线扫描相机搭建图像系统扫描测量变速运动物体三维形貌，通过旋转速度编码器获得物体运动速度的实时信息，反馈给计算机来控制线扫描相机的扫描频率，实现了变速运动物体表面的无畸变成像。由于在物体运动过程中只能得到一幅变形条纹图，物体表面形貌提取方法分别采用古典的提取条纹中心线提取法和傅里叶变换法，并引入复合双频条纹傅里叶变换测量技术，解决含有表面阶跃的运动物体的面形测量难题。

3.1　测量系统及关键技术

3.1.1　测量系统组成

运动物体三维形貌测量系统的组成原理如图 3-1 所示，图 3-2 为具体的测量系统布置。该系统主要由四大模块组成：数字条纹投影装置、图像采集装置、位移平台和计算机。数字条纹投影装置由 LCD 投影仪和透镜组成，通过调整透镜和投影仪间的距离，使得投影仪投射出的正弦条纹经过透镜调后平行投影到待测物体上，且在实验中投影角度设置为30°。图像采集装置由线扫描 CCD 相机、光学镜头、数字图像采集卡和旋转速度编码器组成。线扫描相机的光轴垂直于系统的参考面，扫描线方向与物体运动方向正交，相机的触发模式为外部脉冲信号触发。图像数据经数字图像采集卡采集并存储到计算机中。其中旋转速度编码器用来实时获取测量系统和待测物体间的相对运动速度，并及时反馈给计算机，控制相机的行扫描频率，以消除测量过程中运动速度变化导致的图像在运动方向上的畸变。

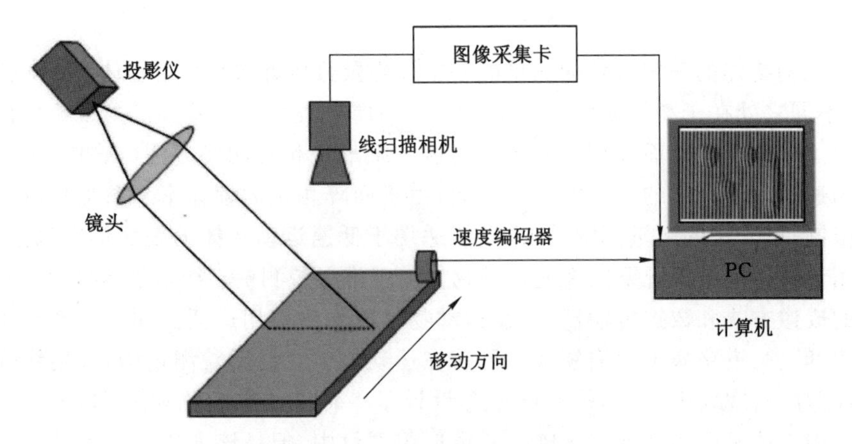

图 3-1　测量系统示意图

图 3-2　实验测量系统

3.1.2　主要硬件设备及参数

(1) 线阵 CCD 扫描相机

线阵扫描 CCD 相机型号为英国 ATMEL 公司生产的 AVIIVA SM22010 型，图像分辨率为 2048 像素，单帧图像纵向分辨率设置为 1 000 像素，成像单元的尺寸为 10 μm×10 μm，点频为 60 MHz，最大线扫描频率 28 kHz。

图 3-3　线扫描相机实物图

该款相机还具有如下特点：

高灵敏度、高信噪比(66 dB)；Anti-blooming 抑制过度曝光功能(防止图像局部饱和)；高数据速率，达到 60 Mpixels/s；由串型控制线控制，灵活、简单；两种触发模式：自动扫描或外触发；宽曝光时间：1～32 ms；输出格式：8/10/12 bit。其光谱响应曲线如图 3-4 所示，对可见光敏感度较好。

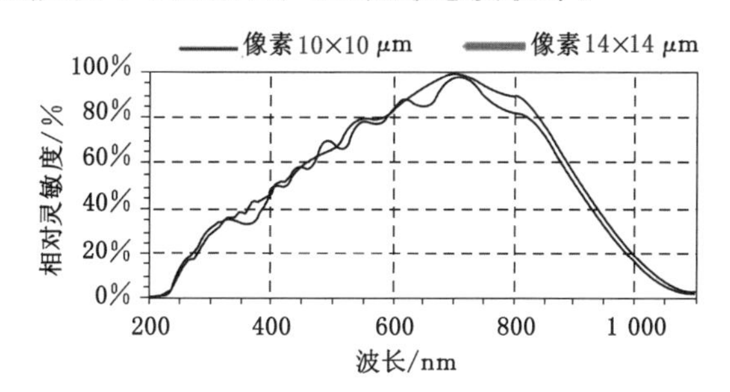

图 3-4　CCD 的光谱响应曲线

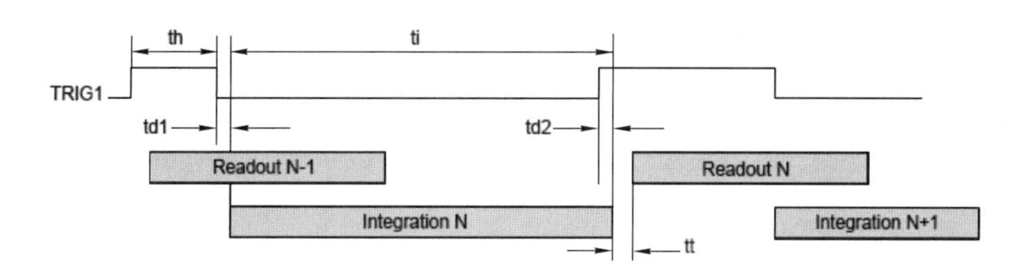

图 3-5　相机扫描时序图

本章中采用旋转速度编码器来控制线扫描相机的实时扫描频率，所以相机的触发模式选用外触发模式。其脉冲时序图如图 3-5 所示，图中参数含义见表 3-1。

表 3-1 外部信号控制触发和积分时间

	描述	最小值	典型值	最大值
ti	曝光积分周期	1 μs	—	—
td1	TRIG1 至积分周期开始的延迟时间	—	100 ns	—
td2	TRIG1 至积分周期停止的延迟时间	—	1.31 μs	—
tt	积分周期停止至数据输出的延迟时间	—	1 μs	—
th	TRIG1 持续时间	0.1 μs	—	—

(2) 旋转速度编码器

旋转速度编码器选用韩国奥托尼克斯公司产品，如图 3-6 所示，型号为：E40-6-3600-6-L-5。单圈脉冲数为 3 600，线性驱动输出，电源电压为 5 V(DC)。其输出波形如图 3-7 所示。本章中只需将其中一相信号连接到图像卡的外部信号输入接口，即可控制线扫描相机进行逐行扫描。

图 3-6 旋转编码器

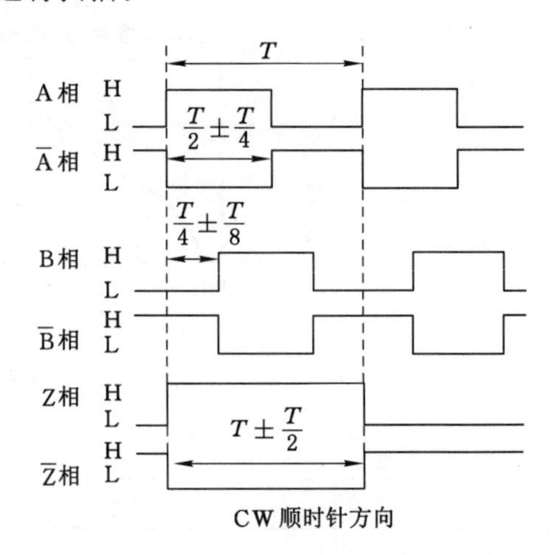

图 3-7 编码器实际输出波形

(3) 数字图像采集卡

图像采集卡为 Matrox-SoliosB 的 Camera Link 采集卡。它充分利用了 PCI-X 技术，在单板方案下获得了空前的视频信号采集率，并且适用于绝大多数摄像头。

主要特点：PCI-X 短卡；处理两个独立基模式或一个中模式 Camera Link 配

置；66 MHz 采集速率；64 MB 缓冲器；可以采集面阵和线阵摄像头；可选择定制的基于 FPGA 的处理核；串行通信端口与 PC COM 端口映射。

3.1.3　编码器滚动轮设计

在编码器的主轴上设计安装一滚动轮，用于获得物体的运动速度信息。编码器滚动轮的模型如图 3-8 所示，图为编码器实际的安装图。其中编码器的滚动轮与运动平台间无滑移的滚动接触，将待测物体的平动速度转化为脉冲信号。为了确保采集的数字图像在物体运动方向上无畸变，滚动轮的半径、编码器脉冲和图像系统的放大比必须满足特定的关系。

图 3-8　编码器滚动轮设计

测量系统的时序图如图 3-9 所示，通过对相机 DCF 文件的设置，可以实现间隔脉冲采样，即每间隔 n 个脉冲线扫描相机扫描一行。

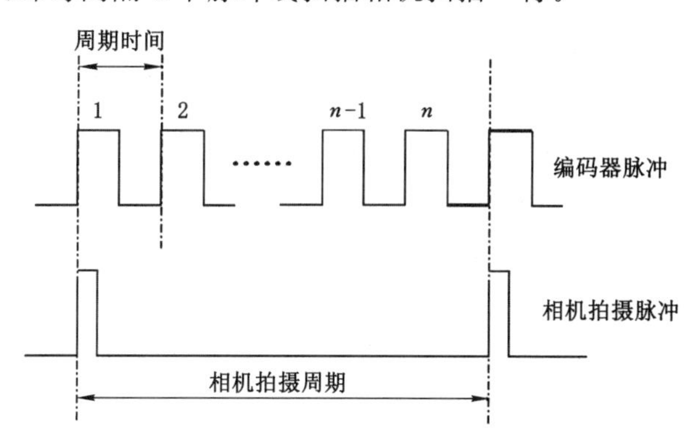

图 3-9　图像采集系统脉冲时序图

编码器滚动轮每旋转一周所产生的脉冲数记为 m，滚动轮的半径为 r。因此编码器每一个脉冲时间周期对应的物体的实际移动距离为：

$$d_0 = \frac{2\pi r}{m} \tag{3-1}$$

设图像系统的一个像素对应的实际物体的实际尺寸为 Δd，且每 n 个脉冲过后线扫描相机扫描一行，则 d_0 和 Δd 的关系如下：

$$nd_0 = \Delta d \tag{3-2}$$

由方程(3-1)和(3-2)可得，滚动轮的半径为：

$$r = \frac{\Delta dm}{2\pi n} \tag{3-3}$$

在本章的实验研究中，$m=3\ 600$，$n=8$。

为了使得拍摄到的条纹图在物体的运动方向上没有失真，针对不同待测物体的测量要求时，由于视场大小的不同需要通过标定获得图像系统中一个像素对应的待测物体的实际尺寸 Δd，由方程(3-3)来选择半径合适的编码器滚动轮。其中 Δd 的标定方法如下：将一横向尺寸已知的白色矩形试件放置在黑色背景下，试件相对相机静止，启动扫描相机的自动扫描模式记录一幅图像，该幅图像中的每一行数据均为对应试件表面上的同一行。测量该试件的实际横向尺寸，并获得其在图像中对应的像素宽度，即可获得 Δd 值。通过标定实验本系统的 Δd 值一个典型设置为 $\Delta d=0.279\ 3$ mm/pixel。从方程(3-3)可得滚动轮的半径为 $r=20$ mm。由于该相机的最大线扫描频率为 28 kHz，所以本系统的设计允许的最大待测物体运动速度为 7.82 m/s，横向的视场范围约为 150 mm。当待测物体的尺寸发生变化，如测量对象为公路路面类的大尺寸物体，或者为微电子器件类的小尺寸物体时，图像采集系统的放大比需要作相应的调整，由于图像放大比发生了变化，导致 Δd 值不同。因此针对不同的测量对象，需要设计不同尺寸的编码器滚动轮。

为了验证速度编码器的功能，采用该线扫描成像系统对一枚变速运动的硬币成像。待测硬币的速度变换曲线如图 3-10(a)所示。两次拍摄图像时相机的触发模式分别设置为自动扫描和外触发模式，前者在扫描过程中扫描的频率不变，后者则可以实时的调整扫描频率。图 3-10(b)和(c)分别为没有采用速度编码器和采用速度编码器两种情况下拍摄的物体表面图像的一部分。很明显，采用速度编码器技术后，线扫描相机拍摄的物体表面图像在物体运动方向上没有失真。

3.1.4 系统运动方向的图像比例修正

针对不同的测量对象，图像采集系统的放大比需要做相应的调整，即 Δd 值不同。3.1.3 中讨论了采用不同的编码器滚动轮设计技术来实现图像的无畸变。但在系统维持原设计方案不变的情况下，对拍摄的图像进行横向和纵向的

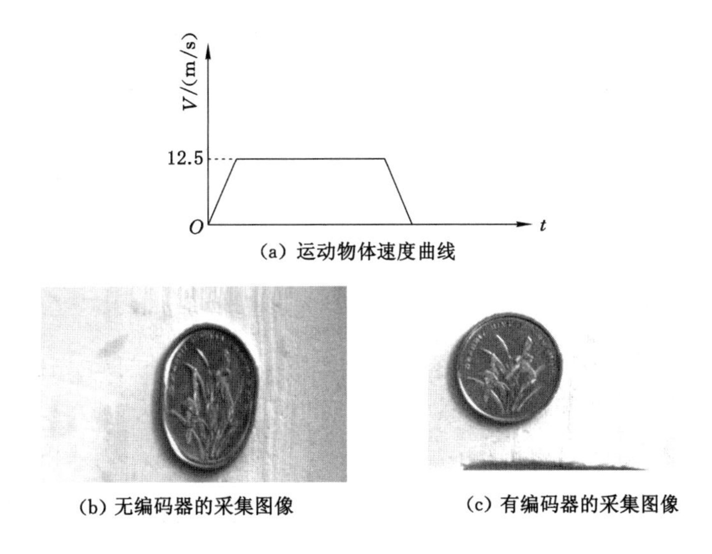

图 3-10　图像畸变校正结果

比例校正同样可以实现图像无畸变。图 3-11 为调整相机的镜头后拍摄的图像，此时图像的横向放大比相对图 3-10(b)和(c)有所增大。但是由于编码器半径未作改变，因此图 3-11 中的图像在纵向被压缩。此时，图像采集系统虽然解决了单次测量过程中运动物体成像的变速问题，但是拍摄的图像在两个方向的放大比不一致，同样产生图像畸变误差。此时需对图像在横向和纵向的放大比进行自动识别，通过两个方向上放大比的比例关系对图像纵向进行插值校正运算，将两个方向的放大比调整至一致，图 3-12 为校正后的图像。

图 3-11　较大放大比时拍摄的图像

图 3-12　较大放大比时拍摄的图像校正效果

3.1.5　测量系统参考面设置

在傅里叶变换轮廓术理论中，物体表面的形貌信息被二维的正弦载波信号调制，由适当的滤波窗口提取频域中的频谱信息后，必须将其移至零频位置，才能实现表面形貌的解调。但在实际的测量中由于图像分辨率的限制，基频的位置有时并不处于整数值处。因此在基频位置的识别和移频的过程中必然引入误差,且该误差不可忽略。本章的实验研究中采用参考面对比法有效地降低此种误差的影响。具体的实施方案为:在测量系统搭建完成后,采用一参考面获得参考面上一行条纹图信号,对其进行傅里叶变换,获得正弦信号的相位信息,在傅里叶变换形貌测量的过程中,摒弃移频过程,将获得的每行相位信息均减去参考面该行的相位,即可获得仅由物体表面形貌变化导致的相位差信息,从而准确地计算物体的三维形貌。

3.2 提取条纹中心线法

3.2.1 基本原理

运动物体三维形貌测量中线扫描相机只能获得一幅物体表面的变形条纹图,因此一般采用傅里叶变换法获取条纹变形量。然而当待测物体的表面曲率较大时傅里叶变换法测量精度较低。本节将经典的提取条纹中心线法引入到运动物体三维形貌测量中。提取条纹中心线法是实验力学中处理干涉条纹等数字条纹的经典方法。对数字条纹图求极值、细化、去除分叉和连接断点等处理后可以获得单像素宽度的条纹中心线。沿着横向获得各级条纹中心线相对于基准位置的偏移量,再由测量系统的几何关系,即可计算物体表面的非全场三维形貌,最后利用插值技术计算非条纹中心线位置的物体表面高度信息,从而获得物体表面的准全场三维形貌。

先用窗口滤波对采集到的数字图像进行预处理,滤除高频的噪声分量。采用图 3-13(a)所示的 5×5 窗口算法判断条纹极值点,即提取条纹准峰值。分别按照图 3-13(b)所示的四个方向,0°、45°、90°和-45°,对条纹的中心点进行判断。

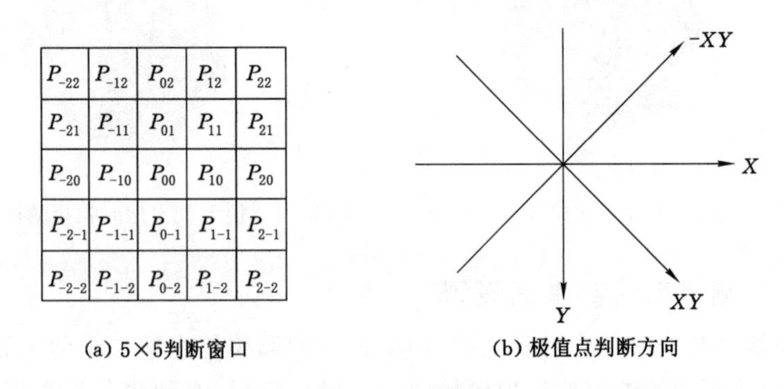

(a) 5×5判断窗口　(b) 极值点判断方向

图 3-13　条纹中心线提取模板

具体算法如下：

$$\text{且}\begin{matrix} P_{00}+P_{0-1}+P_{01}>P_{-21}+P_{-20}+P_{-2-1} \\ P_{00}+P_{0-1}+P_{01}>P_{21}+P_{20}+P_{2-1} \end{matrix} \quad X\text{ 方向，}$$

$$\text{且}\begin{matrix} P_{00}+P_{-10}+P_{10}>P_{-1-2}+P_{0-2}+P_{1-2} \\ P_{00}+P_{-10}+P_{10}>P_{-1-2}+P_{02}+P_{12} \end{matrix} \quad Y\text{ 方向，}$$

$$\text{且}\begin{matrix} P_{00}+P_{-1-1}+P_{11}>P_{2-2}+P_{-21}+P_{-12} \\ P_{00}+P_{-1-1}+P_{11}>P_{2-2}+P_{2-1}+P_{1-2} \end{matrix} \quad XY\text{ 方向，}$$

$$\text{且}\begin{matrix} P_{00}+P_{-11}+P_{1-1}>P_{22}+P_{21}+P_{12} \\ P_{00}+P_{-11}+P_{1-1}>P_{-2-2}+P_{-2-1}+P_{-1-2} \end{matrix} \quad -XY\text{ 方向。}$$

对于一个图像数据点，若上述四个条件关系中有两个或者两个以上成立，则可以认为该测点为条纹的一个准极值点。对整个图像进行扫描，由此可获得整幅条纹图的准峰值。

提取条纹准峰值之后，对准峰值进行二值化处理。然而，此时获得的条纹峰值宽度非单像素。因此必须通过条纹准峰值细化处理技术来获得单像素的条纹中心线。

3.2.2　插值法提高变形提取精度

为了提高条纹中心线提取法的精度，采用图像插值技术提高原始条纹图像的虚拟分辨率，即可提高条纹中心线偏移量的判断精度。具体原理如图 3-14 所示，图中曲线表示条纹图像中一行数据对应的实际光强分布。该位置为一亮条纹位置，"N""$N+1$""$N+2$"和"$N+3$"为 CCD 相机上对应的相邻像元采样点位置，"$2N$" 、"$2(N+1)$" 和"$2(N+2)$"为对图像进行两倍插值处理后的虚拟采样点的位置，插值方式为三次 B 样条插值。在不出现程序错误判断的情况下：未插值前由上述条纹中心线提取算法获得的该处的光强极值点为"$N+1$"。然而，

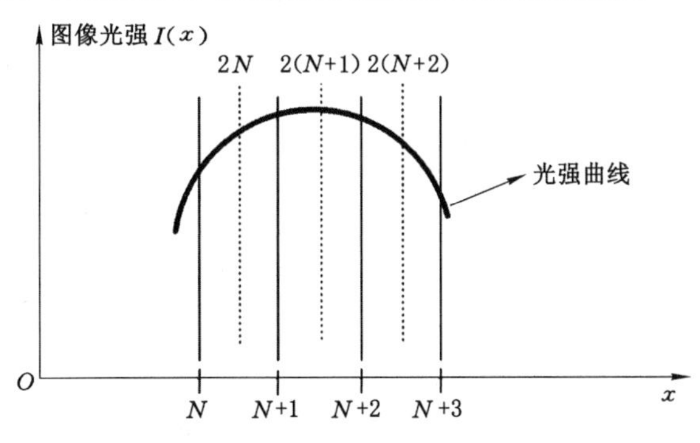

图 3-14　图像插值

从图 3-14 中可以发现,"$N+1$"点的光强值并非该亮条纹处的光强最大值,因此在条纹偏移量的计算中引入了较大的误差。相反,插值处理后,图像的分辨率扩大了一倍,此时再通过上述的条纹中心线提取算法获得的该处的条纹的极值点为"$2(N+1)$"。很明显,"$2(N+1)$"点对应的条纹光强值相对"$N+1$"点更加接近实际的光强极值,由此减小了条纹偏移量的判断误差。并且,随着图像插值倍数的增加,条纹偏移量的判断精度可以进一步增大。研究表明,在实际的测量过程中插值倍数达到 10 倍后,测量精度已能基本满足工程测量的需要。如果继续增加插值倍数,则影响测量结果的计算效率。

在测量过程中,由于系统各模块布置的几何关系一定,采用一参考面获得一幅参考条纹,计算各级条纹中心线的基准位置。将计算获得的实际变形条纹中心线的位置与该基准位置进行比较,其差值即为各级条纹的变形量。

然而,通过上述的方法仅能获得一幅图像中条纹中心线位置的条纹变形量,由测量系统的几何关系只能计算该位置的物体表面三维高度信息,该测量结果是隔点式的,非全场测量。本节中同样采用三次 B 样条插值方法获得非中心线位置的条纹变形量,由此可以获得待测物体表面全场的三维形貌信息。插值过程的原理如图 3-15 所示,"1"、"2"、"3"和"4"为各级条纹的级数,且"x_1"、"x_2"、"x_3"和"x_4"为对应的各级条纹的中心线在图像坐标上的具体位置。由这些位置点的条纹变形信息通过插值得到整行上的条纹变形量曲线。由此扩展得到整幅图像上各行的条纹变形量,最后由测量系统的几何关系计算物体表面的三维形貌。

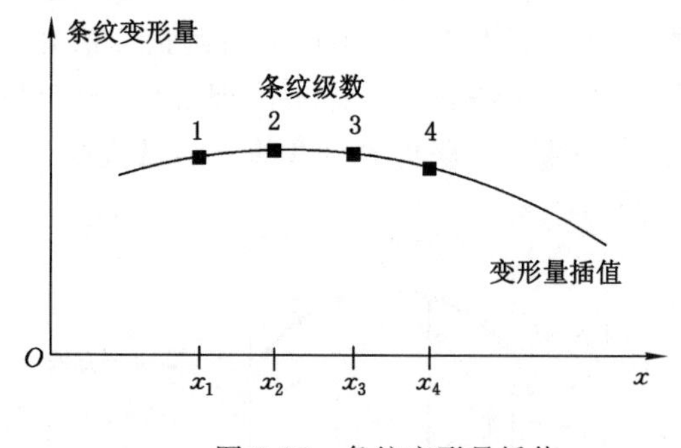

图 3-15　条纹变形量插值

3.2.3　实验与结果分析

采用该方法测量一个含有表面缺陷的非匀速运动试件的三维形貌,测量系统如图 3-2 所示。待测试件如图 3-16(a)所示,该试件为一白色石膏平板,表面存在四处凹陷,且凹陷的最大深度为 3 mm,图像视场范围内的试件宽度 100 mm。图

3-16(b)为线扫描相机扫描的一幅变形条纹图，图 3-16(c) 是采用上述算法提取的条纹中心线位置图，图 3-16(d)为没有采用图像插值技术计算得到的物体三维形貌，图 3-16(e)为两倍插值处理后的条纹图像，图 3-16(f)为插值处理后提取的条纹中心线图，图 3-16(g)为由插值后图像计算获得的物体三维形貌图。比较图 3-16(d)和图 3-16(g)的实验结果，未做插值处理的物体形貌测量最大误差为 0.82 mm，而插值后该最大误差降低到 0.34 mm。很明显采用插值技术提高图像虚拟分辨率的方法可以有效地降低运动物体三维形貌测量的误差。

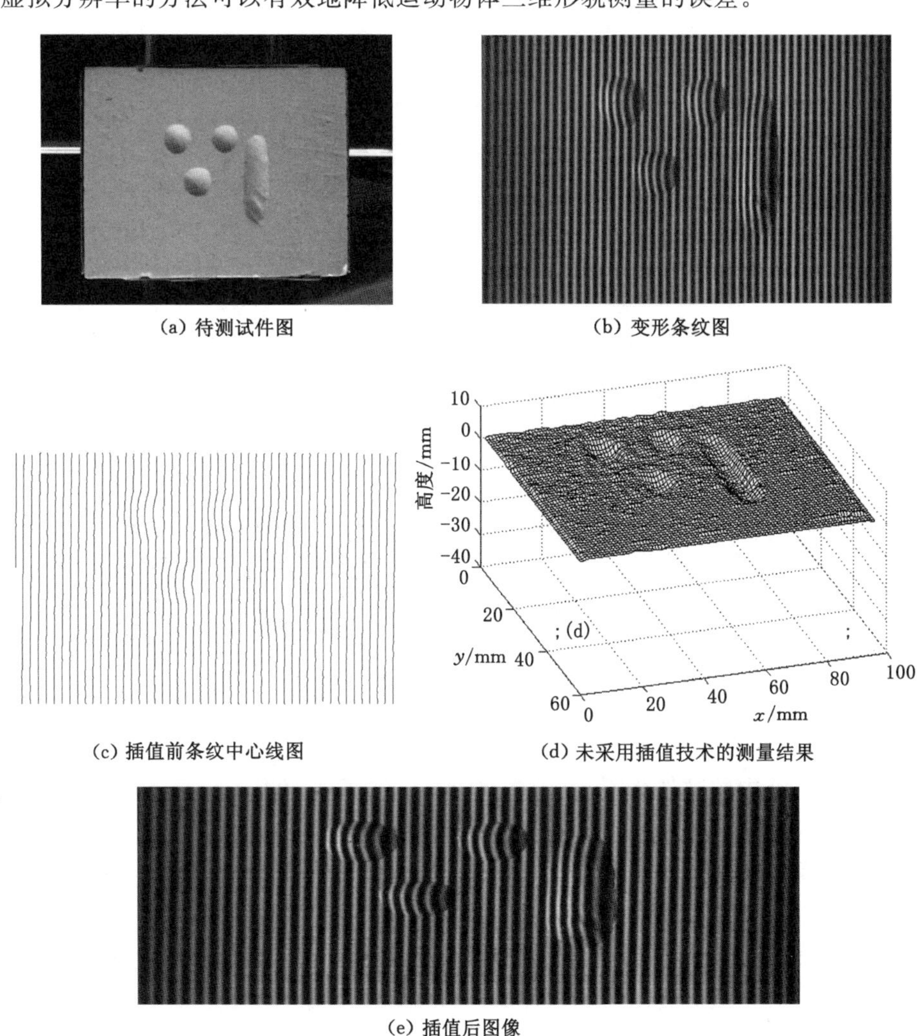

(a) 待测试件图　(b) 变形条纹图

(c) 插值前条纹中心线图　(d) 未采用插值技术的测量结果

(e) 插值后图像

图 3-16　条纹中心线法实验结果

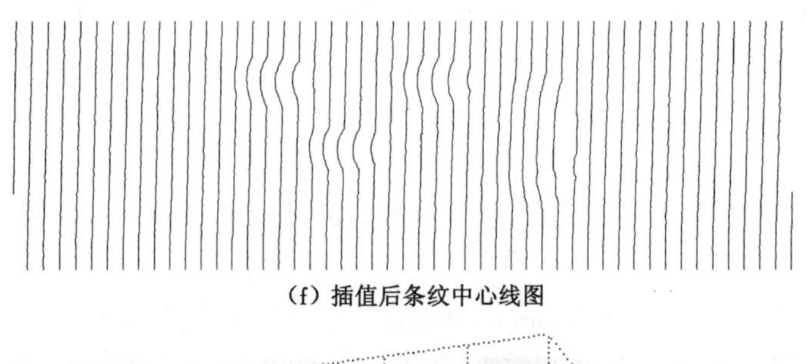

(f) 插值后条纹中心线图

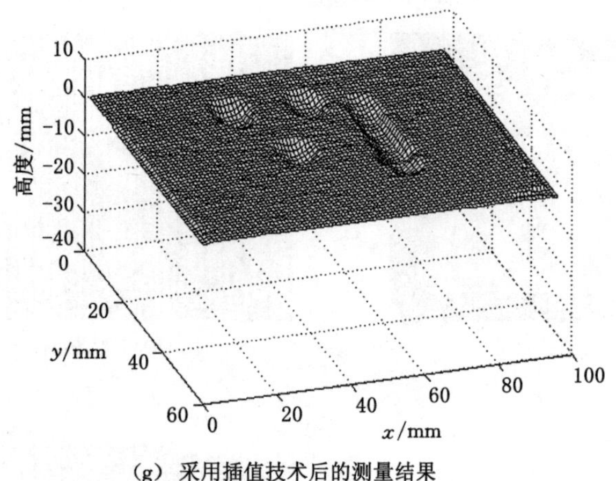

(g) 采用插值技术后的测量结果

图 3-16(续)

3.3 单频傅里叶变换形貌测量

采用图 3-2 所示的测量系统来投影单频数字正弦条纹测量运动物体三维形貌,形貌提取方法为傅里叶变换法,其基本原理已在第二章中有详细的介绍。待测试件和 3.2 中的试件相同,视场范围内的试件宽度 100 mm,表面凹陷最大深度为 3 mm,且试件在位移平台上非匀速运动。

图像系统拍摄的变形条纹图见图 3-16(a),该条纹图在物体运动方向上无畸变,条纹栅距为 2 mm。采用一维傅里叶变换法逐行计算该试件的表面形貌,计算结果如图 3-17 所示。其形貌测量最大误差为 0.20 mm。比较图 3-16(f)和图 3-17中两种方法分析得到的物体表面形貌的实验结果,傅里叶变换法的精度要高于提取条纹中心线法,且在提取条纹中心线法中主要的误差是个别点的条纹中心点的误判,这种误判往往会引起较大的高度误差,而傅里叶变换作为一种全场测量方法可以有效地降低此类误差。相反傅里叶变换法中的误差主要由频域中的频谱信息提取误差引起的，所以对于表面曲率较大的物体傅里叶变换法的测量精度不高，此时可采用提取条纹中心线法互为补充。

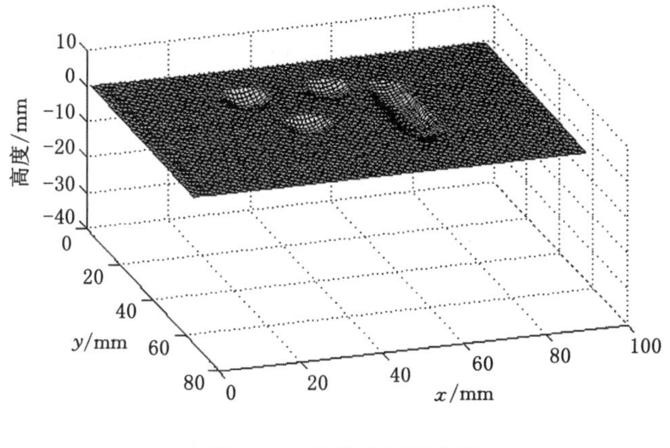

图 3-17　物体表面形貌图

3.4　双频傅里叶变换三维形貌测量

在静态物体三维形貌测量中，采用双频投影相移技术已经较为成熟，主要用来解决物体的表面阶跃引起的测量误差问题。同样该方法也可用于测量运动物体的三维形貌，由于运动物体形貌测量所用的线扫描 CCD 相机只能拍摄一帧条纹图，本节采用投影复合双频条纹的方法实现运动物体三维形貌双频条纹测量。在傅里叶变换相位提取时，分别应用不同的滤波窗口提取低频和高频条纹对应的频谱信息，逆变换获得两种条纹对应的相位。当物体表面阶跃幅度不会给低频条纹的相位变化带来包裹时，可以用低频条纹得到的相位对高频条纹的相位进行解包裹，既提高了表面测量的精度又解决物体表面阶跃引起的相位包裹问题。

3.4.1　双频傅里叶变换法基本原理

记两种频率的投影条纹的空间频率分别为 f_1 和 f_2，且 $f_1 < f_2$。其对应的相位变化分别为 $\Phi_1(x,y)$ 和 $\Phi_2(x,y)$，$\Phi'_1(x,y)$ 和 $\Phi'_2(x,y)$ 为两种频率条纹的相位主值，$\Phi(x,y)$ 和 $\Phi'(x,y)$ 的关系为，

$$\begin{cases}\Phi_1(x,y) = \Phi'_1(x,y) + 2\pi n_1(x,y) \\ \Phi_2(x,y) = \Phi'_2(x,y) + 2\pi n_2(x,y)\end{cases} \tag{3-4}$$

其中低频条纹的栅距要足够大，以确保当物体表面有阶跃时条纹相位无包裹，因此 $n_1 = 0$。在相同的系统布置的情况下，两种条纹得到的物体高度和相位

变化的关系如下：

$$\begin{cases} h(x,y) = k_1\Phi_1(x,y) \\ h(x,y) = k_2\Phi_2(x,y) \end{cases} \tag{3-5}$$

其中 k_1 和 k_2 是和测量系统相关的两种频率测量时的系统常数。综合式(3-4)和(3-5)可得：

$$n_2(x,y) = \mathrm{Int}(\frac{k_1}{k_2}\frac{1}{2\pi}\Phi'_1(x,y) - \Phi'_2(x,y)) \tag{3-6}$$

其中函数 Int(•)表示取整。将 $n_2(x,y)$ 代入式(3-4)，即可计算物体表面形貌变化导致的真实相位。

然而，在运动物体的测量过程中，两种频率的条纹必须一次性地投影到待测物体表面，因此采用复合双频条纹投影。该复合双频条纹的数学表达式为，

$$I(x,y) = \mathrm{Int}\{255/2[2 + \cos(2\pi f_1 x) + \cos(2\pi f_2 x)]\} \tag{3-7}$$

对采集的条纹图进行傅里叶变换处理后，分别由两个不同的窗口滤波器提取两种频率的条纹在频域内的对应信息。由以上方法即可获得无包裹的物体表面形貌的相位信息。结合系统的几何布置关系，计算待测物体三维形貌。

3.4.2 双频傅里叶变换法的适用范围

图 3-18 为采集到的双频变形条纹图的一维傅里叶变换后的频谱图。很明显频域中两个分量分别对应为两种不同频率条纹的相位变化信息。由傅里叶变换的原理可得：

$$\begin{aligned} f_{1\min} &= f_1 - \frac{1}{2\pi}\left|\frac{\partial\Phi_1}{\partial x}\right|_{\max} \quad f_{1\max} = f_1 + \frac{1}{2\pi}\left|\frac{\partial\Phi_1}{\partial x}\right|_{\max} \\ f_{2\min} &= f_2 - \frac{1}{2\pi}\left|\frac{\partial\Phi_2}{\partial x}\right|_{\max} \quad f_{2\max} = f_2 + \frac{1}{2\pi}\left|\frac{\partial\Phi_2}{\partial x}\right|_{\max} \end{aligned} \tag{3-8}$$

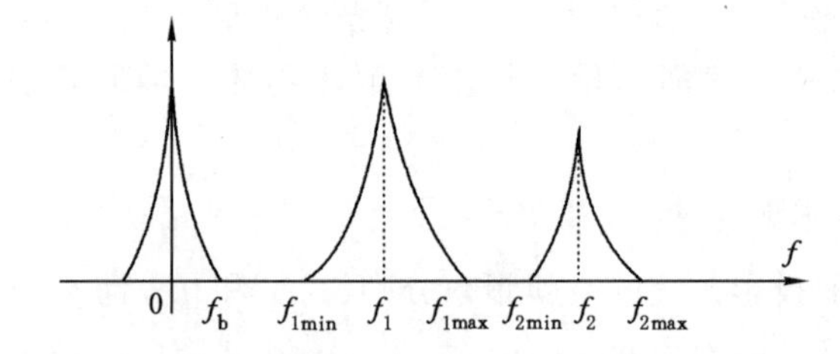

图 3-18　双频条纹图的一维傅里叶频谱

为了提高物体的三维形貌的测量精度，必须准确地提取频谱图中的各部分频谱信息。即要求频域中低频条纹和高频条纹的对应频谱分量不能重叠。因此：

$$
\begin{aligned}
& f_{1\min} > f_b \\
& f_{1\max} < f_{2\min}
\end{aligned}
\tag{3-9}
$$

由式(3-5)、式(3-8)和式(3-9)可得,待测物体的表面的斜率的变化必须满足如下关系,

$$
\begin{aligned}
& \left|\frac{\partial h(x,y)}{\partial x}\right|_{\max} < 2\pi k_1 k_2 (f_1 - f_b) \\
& \left|\frac{\partial h(x,y)}{\partial x}\right|_{\max} < \frac{2\pi k_1 k_2}{k_1 + k_2}(f_2 - f_1)
\end{aligned}
\tag{3-10}
$$

也就是说,复合双频投影傅里叶变换法的适用范围有限。当待测物体的表面斜率变化超出以上范围时,频域中频谱信息的混叠会影响测量结果的准确性。

3.4.3　实验与结果分析

实验测量系统同样采用如图 3-2 所示的系统。条纹投影装置的硬件不变,只是由计算机自动生成复合双频条纹投影。待测试件为一含有表面凹陷的平板,如图 3-19(a)所示,其表面凹陷处的横截面形状如图 3-19(b)所示。该物体表面凹陷处有一处突变(阶跃),且阶跃的幅度为 $c=6$ mm,凹陷的其他的尺寸分别为 $a=18$ mm,$b=30$ mm。投影的两种频率的条纹的栅距比为 $\frac{2}{5}$,因此 $\frac{k_1}{k_2}=\frac{5}{2}$。这种情况下,低频条纹的栅距足够覆盖阶跃位置,不会产生相位包裹。高频条纹的栅距为 2.3 mm。

(a) 待测试件实物图

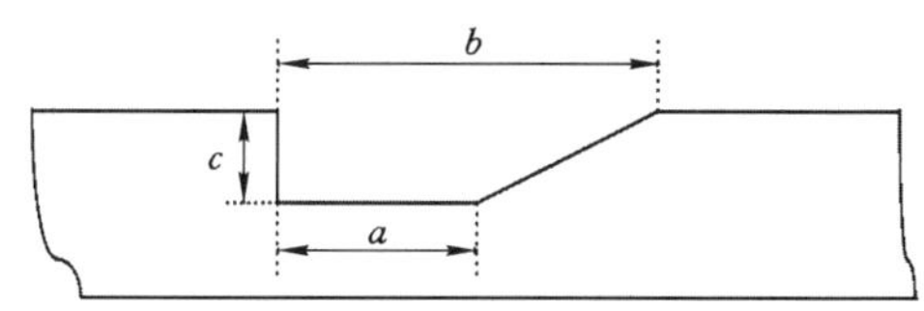

(b) 试件表面凹陷处的截面图

图 3-19　待测试件

测量步骤和单频条纹测量基本相同。将待测试件固定在运动载物平台上,双频条纹以30°的入射角投影在待测试件上,物体非匀速运动。图 3-20(a)为拍摄到的一幅变形双频条纹图。图 3-20(b)为条纹图中第 350 行数字图像信号的一维频谱,图中两种频率的条纹的频域信息没有发生明显混叠。采用上述双频

傅里叶变换法计算物体表面的三维形貌。实验结果如图 3-21 所示。图 3-21(a)、(c)和(e)分别为采用低频条纹、高频条纹和双频条纹获得的试件三维形貌图；图 3-21(b)、(d)和(f) 分别为对应的试件表面凹陷位置的截面图。

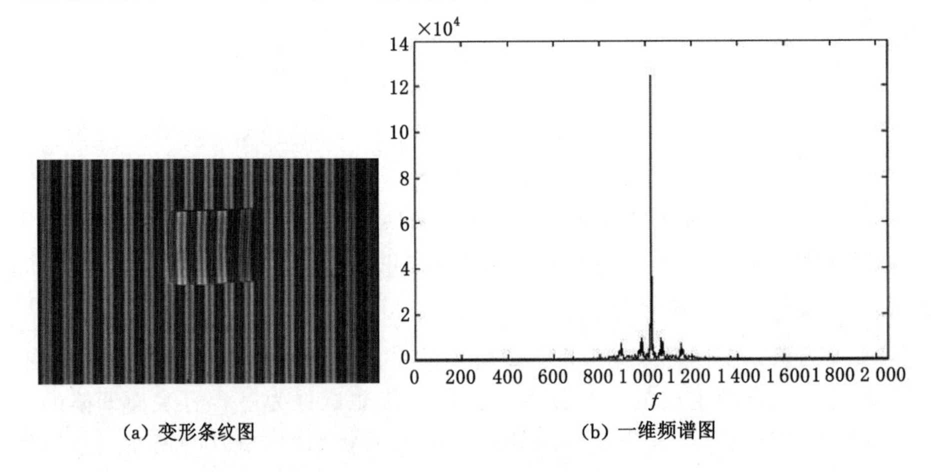

(a) 变形条纹图　　(b) 一维频谱图

图 3-20　条纹图及频谱

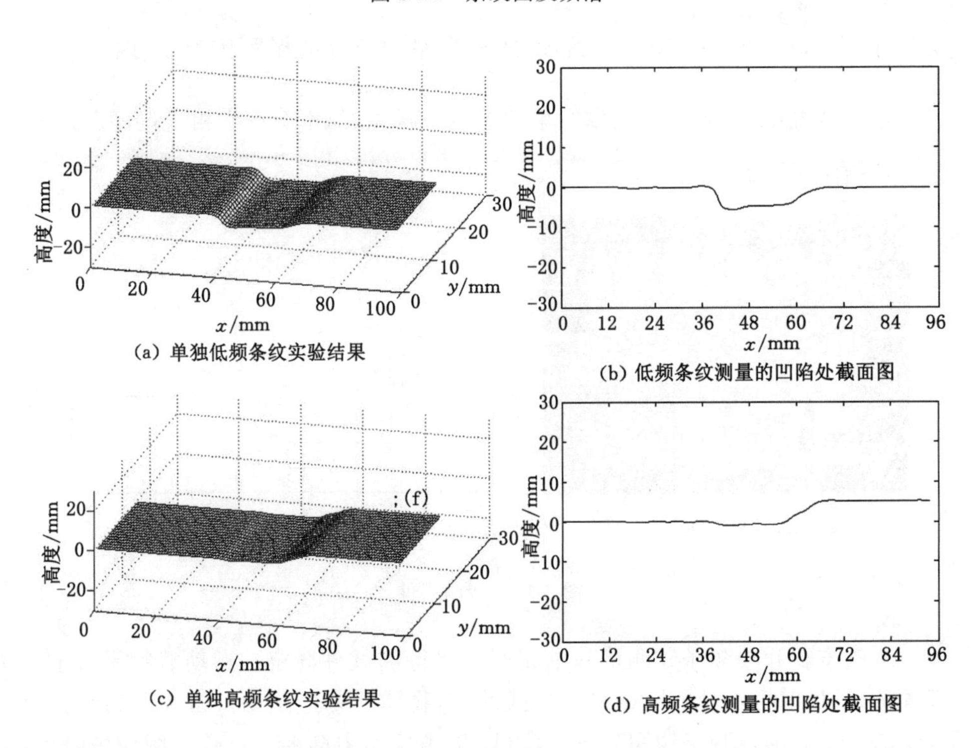

(a) 单独低频条纹实验结果　　(b) 低频条纹测量的凹陷处截面图

(c) 单独高频条纹实验结果　　(d) 高频条纹测量的凹陷处截面图

图 3-21　双频傅里叶变换法实验结果

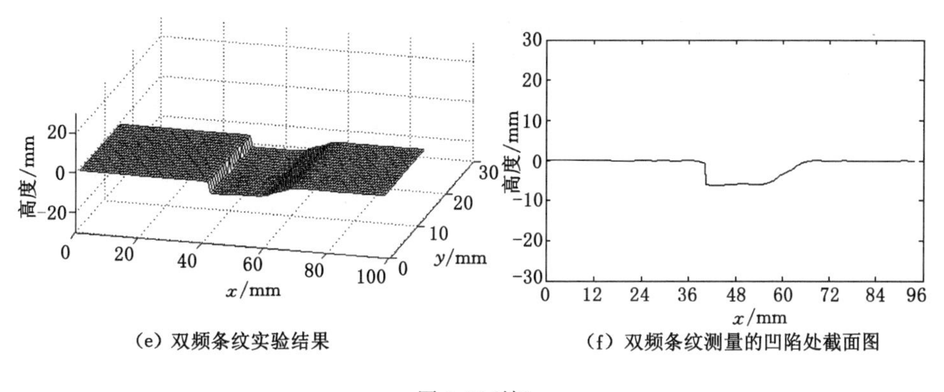

(e) 双频条纹实验结果

(f) 双频条纹测量的凹陷处截面图

图 3-21(续)

从图 3-21 的实验结果可以发现：单独由低频条纹采用傅里叶变换法获得的物体三维形貌无 2π 的相位包裹，但是此时的测量精度较低，特别对应的表面变化梯度较大处测量结果不准确；单独由高频条纹获得的物体三维形貌在局部的测量精度较高，但是对应表面存在较大的高度阶跃时，该方法获得的相位中依然含有相位包裹；而双频条纹傅里叶变换则可以在很好地克服这种相位包裹的同时也提高了表面形貌测量的精度。计算表明，采用双频测量的最大高度误差为 0.31 mm。因此双频傅里叶变换可以应用于运动物体三维形貌测量，解决物体表面阶跃引起的相位解包裹难题。

3.5 双线阵去零频傅里叶变换法

3.5.1 基本原理

在傅里叶变换法计算物体表面的三维形貌方法中，关键的一项技术是选择合适的频率滤波窗口以获得基频信息，此时需要将傅里叶变换后的零频和高频分量有效地隔离开，然而在实际的应用过程中傅里叶变换后的基频、零频和高频分量间往往相互影响，不能完全地分离出来，势必会影响傅里叶变换的适用范围和测量精度。

因此需要引入含有 π 相移技术的傅里叶变换轮廓测量技术，通过该方法可以将零频分量有效地去除，使其分量接近于 0，从而提高傅里叶变换轮廓术的测量精度。

将变形条纹图中的每一行数据看作是被一列正弦函数调制了的一维相位信号。由 CCD 相机记录的数字变形条纹的光强表达式如下：

$$I(x,y) = a(x,y) + b(x,y)\cos[2\pi f_0 x + \varphi(x,y)] \tag{3-11}$$

将上述投影条纹做一个 π 相移，可以获得另外一幅变形条纹图，同理其数字光强可以表达如下：

$$I'(x,y) = a(x,y) + b(x,y)\cos[2\pi f_0 x + \varphi(x,y) + \pi] \quad (3\text{-}12)$$

将式(3-10)和式(3-11)相减，可得：

$$I(x,y) - I'(x,y) = 2b(x,y)\cos[2\pi f_0 x + \varphi(x,y)] \quad (3\text{-}13)$$

再对公式(3-13)采用傅里叶变换方法，可以采用一个较为宽泛的滤波窗口将相减后投射的条纹中的基频分量分离出来，由此可以获得待测物体表面的三维高度信息。

由以上的分析可知，在采用这种基于 π 相移技术的傅里叶变换法进行轮廓测量时，需要往待测的物体上投射两次光学条纹，分别用 CCD 相机记录两帧变形条纹图，这种方法在对静态物体进行测量时可以从测试系统上很好实现，但是运用于动态物体三维形貌测量时需要解决条纹的实时投射和变形条纹图的实时拍摄记录等复杂问题。为此，特别设计了原理如下的一套实验系统，用于运动物体三维形貌测量过程中的 π 相移问题。

3.5.2 实验系统改进

π 相移傅里叶变换法的实验系统原理如图 3-22 所示，其基本原理和传统的傅里叶变换轮廓术的投影原理类似，待测物体沿着 y 方向运动，图像获取采用的是线阵扫描相机(linescan CCD)。投射用复合条纹如图 3-23 所示，图中左右两部分条纹之间的条纹相位差为 π，条纹投射方向与 x 方向成 α 角度。为了在物体运动的过程中一次性的获得两幅具有 π 相移的条纹图，采用两部线扫描相机记录条纹图，相机轴线和运动平面垂直，两部相机的扫描线平行，且设定间距为 d。扫描线 1 用于扫描并获取被图 3-23 中右侧条纹编码的变形条纹图，而扫

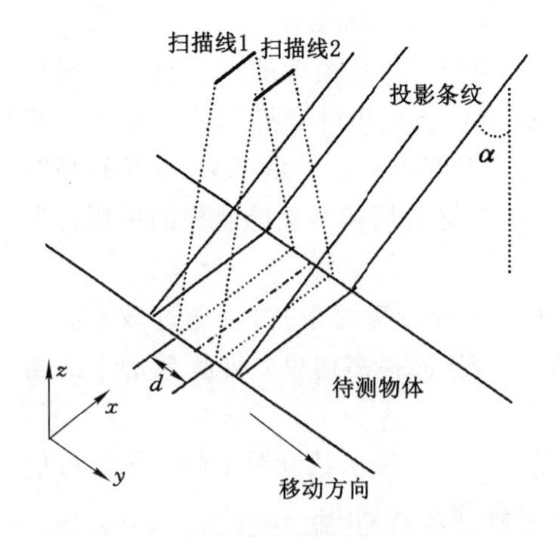

图 3-22　π 相移傅里叶变换法实验原理图

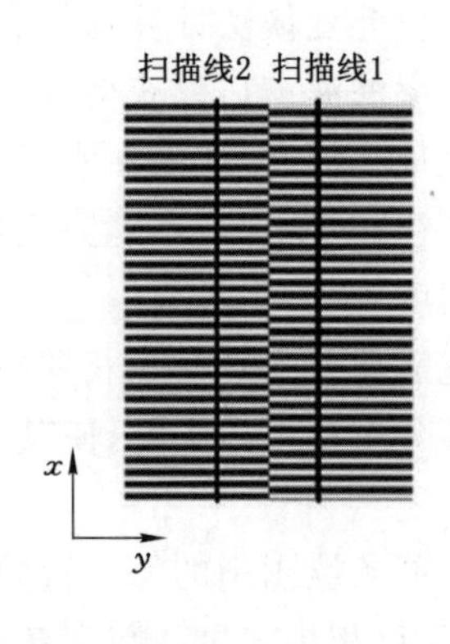

图 3-23　投射用的 π 相移复合条纹图

描线 2 用于扫描获及取被图 3-23 中左侧条纹编码的变形条纹图。因此对于待测的运动物体上的每一条线均被扫描和记录了两次，而且所记录的变形条纹图间均存在 π 的相移量。假设待测物体上同一点在所记录的图像中的坐标差为 Δy，相应的同一测点两次记录的光强可以分别表示为 $I(x,y)$ 和 $I'(x,y-\Delta y)$，将记录的光强值 $I(x,y)$ 和 $I'(x,y-\Delta y)$ 带入公式(2-10)中，再由传统的傅里叶变换法即可获得待测运动物体的表面三维轮廓信息。

实验采用的条纹入射角为 $\alpha=30°$，条纹间距为 7.6 mm，两个线扫描 CCD 相机为 ATMEL 公司生产的 e2V AViiVA SM2 扫描相机。相机的扫描线方向分辨率为 2 048 像素，物体运动方向的图像存储像素设置为 1 500 像素，实验过程中的相对运动速度为 200 mm/s，为了获得无畸变的数字图像，相机的扫描速度设置为 4.5 kHz，而且两个相机直接通过计算机进行匹配，保持拍摄和存储图像的同步，所拍摄的图片存储在计算机中进行下一步的三维信息的计算。

由于两条相机扫描线间被设置了一个固定距离，对于不同的测量系统架构，需要通过实验标定建立实际的空间距离和图像的像素差之间的关系。采用圆形标记物的方法进行系统的标定，标定用的图像如图 3-24 所示，通过图像识别可得同一标记物在两个扫描相机记录的图像中，沿着运动方向的像素差为 227 像素。

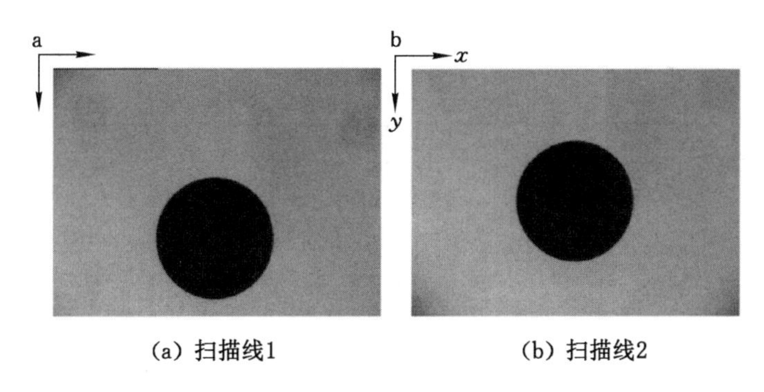

(a) 扫描线1　　(b) 扫描线2

图 3-24　标定用图像

3.5.3　实验结果及分析

为了验证上述方法的可行性，采用所设计的实验系统进行相关的实验研究，测量对象为一个三棱柱试件的侧面轮廓信息，试件底部宽度为 45 mm，高度为 2 mm。测量系统的两部线扫描相机捕获到的图像如图 3-25 所示，由该图像可以发现待测物体在图像的位置在 y 方向上具有一个偏差，需要通过和前述的系统标定结果进行比对并修正。待测试件的三维高度信息集中反映在条纹宽度的变化上，将该图像导入所述的 π 相移傅里叶变换法进行计算，提取试件侧面的三维形貌。图 3-26 为拍摄图像中一行的频谱分析结果，对于单幅图像来说，其频谱结果如图 3-26(a)所示，可以发现其零频分量能量很大，而且和基频分量间或多或少地存在混叠现象，单纯从中分离出基频分量难度较大，图 3-26(b)为采用的图像减法运算后的频谱分析结果，从图中可以看出零频分量基本消失，基频分量极易被提取。图 3-27 为物体表面形貌测量结果，并由图 3-28 的具体比较可以看出 π 相移傅里叶变换法的精度明显高于传统的傅里叶变换法，特别对于表面轮廓变换梯度较大的位置，其测量精度更高，适用范围更广。

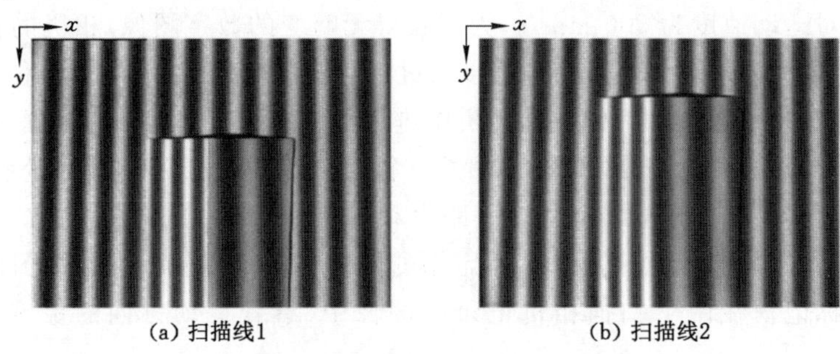

图 3-25　获取的变形条纹图

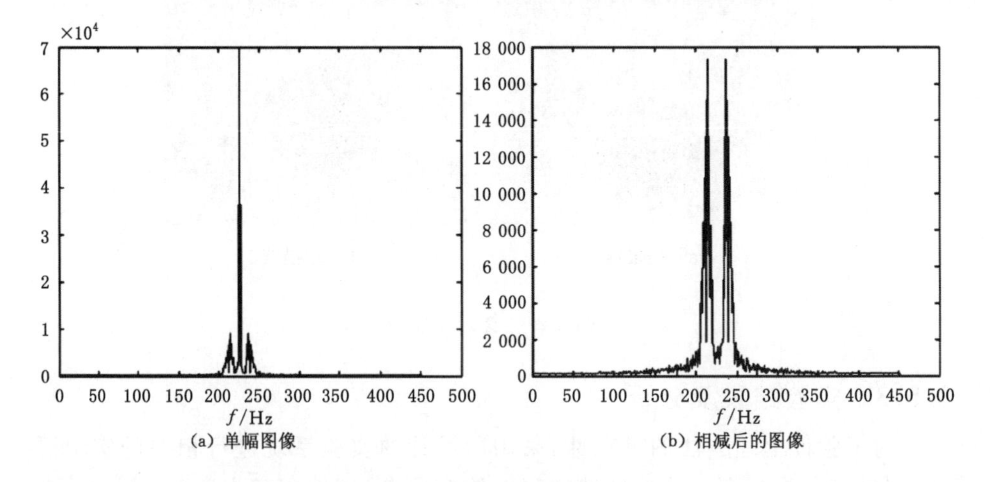

图 3-26　图像单行的频谱图

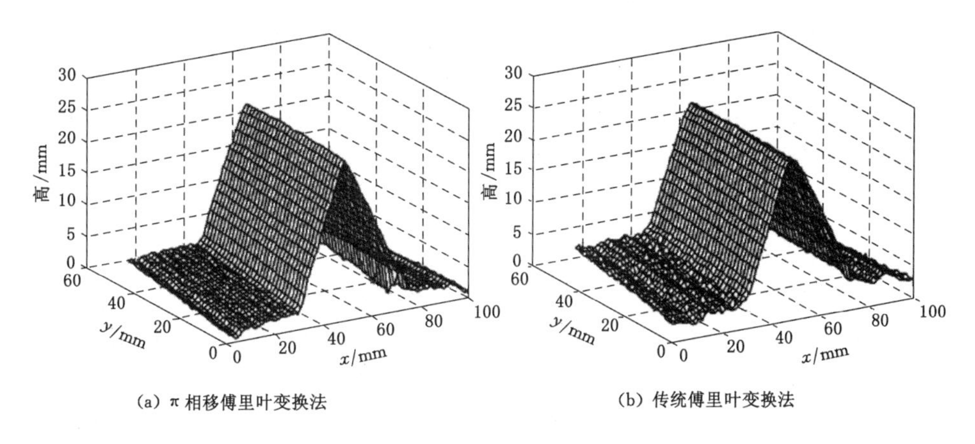

(a) π 相移傅里叶变换法　　(b) 传统傅里叶变换法

图 3-27　物体表面形貌测量结果

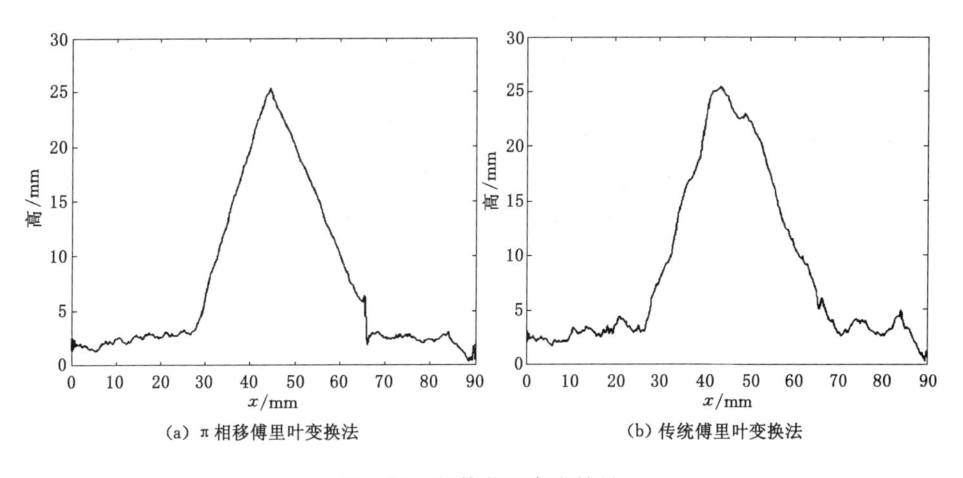

(a) π 相移傅里叶变换法　　(b) 传统傅里叶变换法

图 3-28　物体截面高度结果

3.6　双线阵双频傅里叶变换法

3.6.1　基本原理

在前述章节中已经介绍了双频傅里叶变换方法的基本原理，该方法可以用来解决待测物体的表面形貌的突然阶跃引起的测量误差问题。对于运动物体的三维形貌测量，前文考虑采用投影一帧复合双频条纹的方法，在傅里叶变换相位提取时，分别应用不同的滤波窗口提取低频和高频条纹对应的频谱信息，逆变换获得两种条纹对应的相位，并由此进行相位解包裹，并提高表面测量的精度。然而，由于低频、高频以及零频信息在频谱图中的空域上可能相互影响，采用这种一幅条纹图处理的复合双频方法的测量范围受限。

为了克服双频测量中两种频谱之间的干扰问题，以下介绍一种新颖的实验系统，称为双线阵扫描双频傅里叶变换法，和上一节中的多线阵去零频的技术类似，具体设计思路及相关实验结果如下。

3.6.2 实验系统改进

双线阵扫描双频傅里叶变换轮廓术的实验系统原理如图 3-29 所示。在传统的针对运动物体的双频傅里叶变换轮廓术中关键的技术是如何同时对待测物体表面采用两种空间频率(不同的条纹宽度)的数字条纹图进行投射、编码，以及条纹图的拍摄。为了完成上述步骤并不使两种频率的信息相互干扰，投射如图 3-30 所示的一类复合条纹，该条纹图中左右两部分分别为高频和低频条纹图，用来照射待测物体上的不同部位，投射角度为 α。待测物体沿着 y 方向运动，采用两部线扫描相机扫描待测物体表面并成像记录在计算机中。相机轴线垂直于物体运动方向，两列扫描线间的空间距离为 d。因此，物体表面上的每一条线均被不同的频率条纹调制，并分别由两个相机扫描。物体上同一测点的 y 坐标在两幅图像中略有不同，提取两幅图像中同一测点对应的两组光强值 $I_1(x,y)$ 和 $I_2(x,y-\Delta y)$，分别采用傅里叶变换法提取相位，并采用双频的方法进行解包裹，即可获得连续的物体表面相位和高度信息。

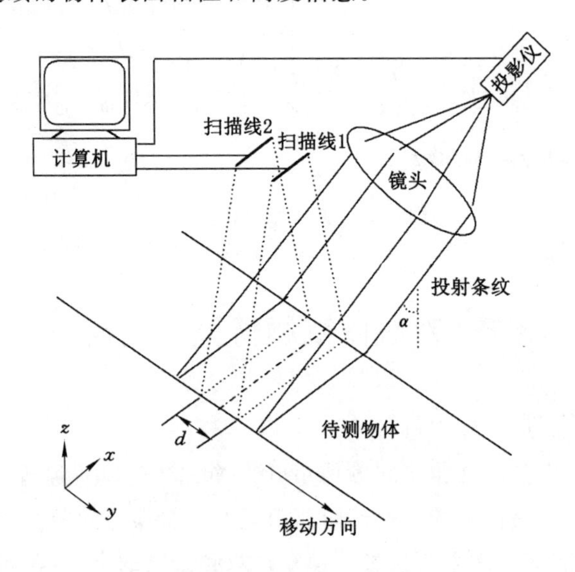

图 3-29 双线阵扫描双频实验系统原理图

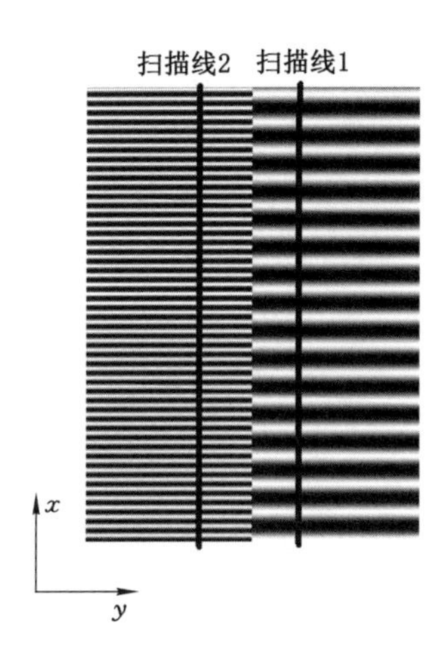

图 3-30　投影用复合双频条纹

实验同样采用的条纹入射角为 $\alpha=30°$，条纹间距分别为 56 mm 和 21 mm，两个线扫描 CCD 相机为 ATMEL 公司生产的 e2V AViiVA SM2 扫描相机。相机的扫描线方向分辨率为 2 048 像素，实验过程中的相对运动速度为 200 mm/s，为了获得无畸变的数字图像，相机的扫描速度设置为 1.64 kHz，而且两个相机直接通过计算机进行匹配，保持拍摄和存储图像的同步，所拍摄的图片存储在计算机中进行下一步的三维信息的计算。

同样需要采用实验来标定所搭建的测量系统，实际上是为了建立两幅图像之间的像素差和扫描线空间距离 d 之间的关系。标定用模板如图 3-31 所示，通过数字图像相关法识别模板中的标记特征之间的位置差，可得同一标记物在两个扫描相机记录的图像中，沿着运动方向的像素差为 350 像素。

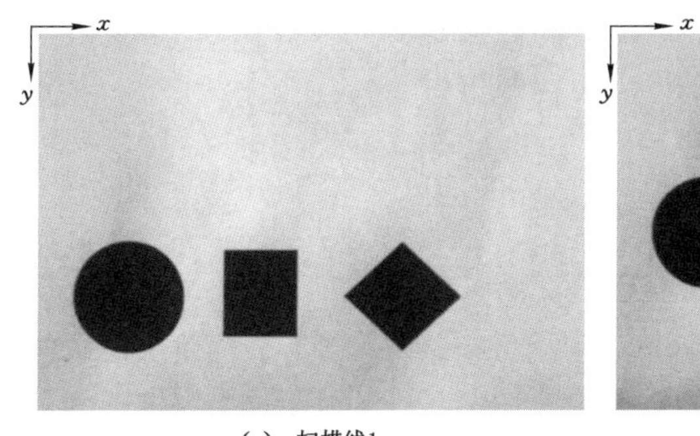

(a) 扫描线1

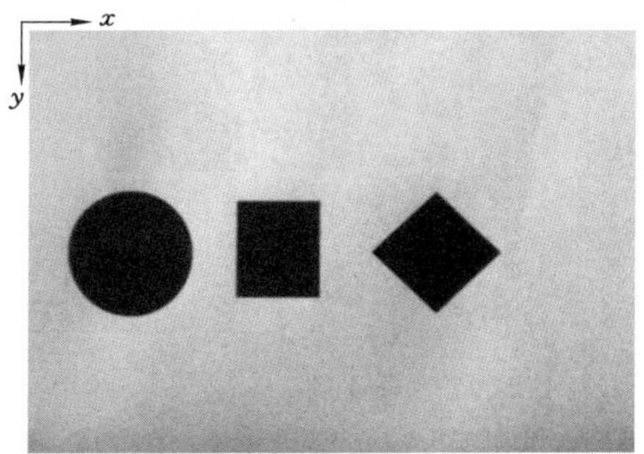

(b) 扫描线2

图 3-31　标记用特征图

3.6.3 实验与结果分析

为了验证上述方法的可行性，采用所设计的实验系统进行相关的实验研究，测量对象为如图 3-32 所示的一个棱柱试件的侧面轮廓信息，棱柱待测表面有一个阶跃，试件底部宽度为 250 mm，高度为 70 mm，阶跃为 45 mm。

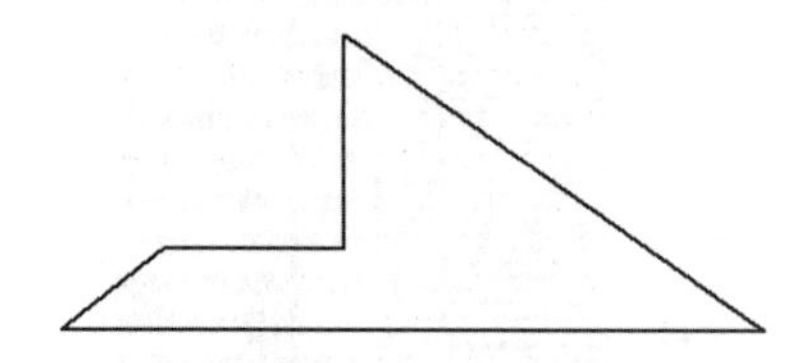

图 3-32　待测试件截面轮廓图

将待测试件固定在测试平台上，复合双频条纹投射到待测表面，被物体表面调制后的变形条纹图由双线扫描相机获取，如图 3-33 所示。图(a)为低频变形条纹图，且其单个条纹宽度足够覆盖待测试件的表面最大阶跃量，图(b)为高频变形条纹图，从图中可以看到条纹有包裹现象。采用双频傅里叶变换法获得的试件表面形貌的测量结果如图 3-34 所示。图(a)、(c)及(e)分别为采用低频条纹、高频条纹和双频条纹获得的物体表面形貌，图(b)、(d)及(f)为对应的试件截面高度信息。

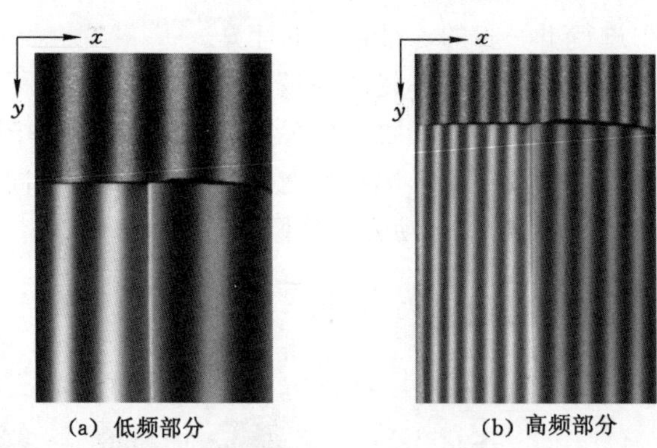

(a) 低频部分　　(b) 高频部分

图 3-33　变形条纹图

分析上述一系列的实验结果，可得：采用低频条纹对含有表面阶跃的试件进行表面形貌编码时，能够克服相位解包裹中的相位阶跃问题，但是整体的测量精度不高，而高频条纹可以提高整体的测量精度。因此，双频条纹傅里叶变换法很好地结合了这两种空间频率条纹的优点，并通过前述设计的实验系统，成功地将此方法应用于运动物体的三维形貌在线测量领域。

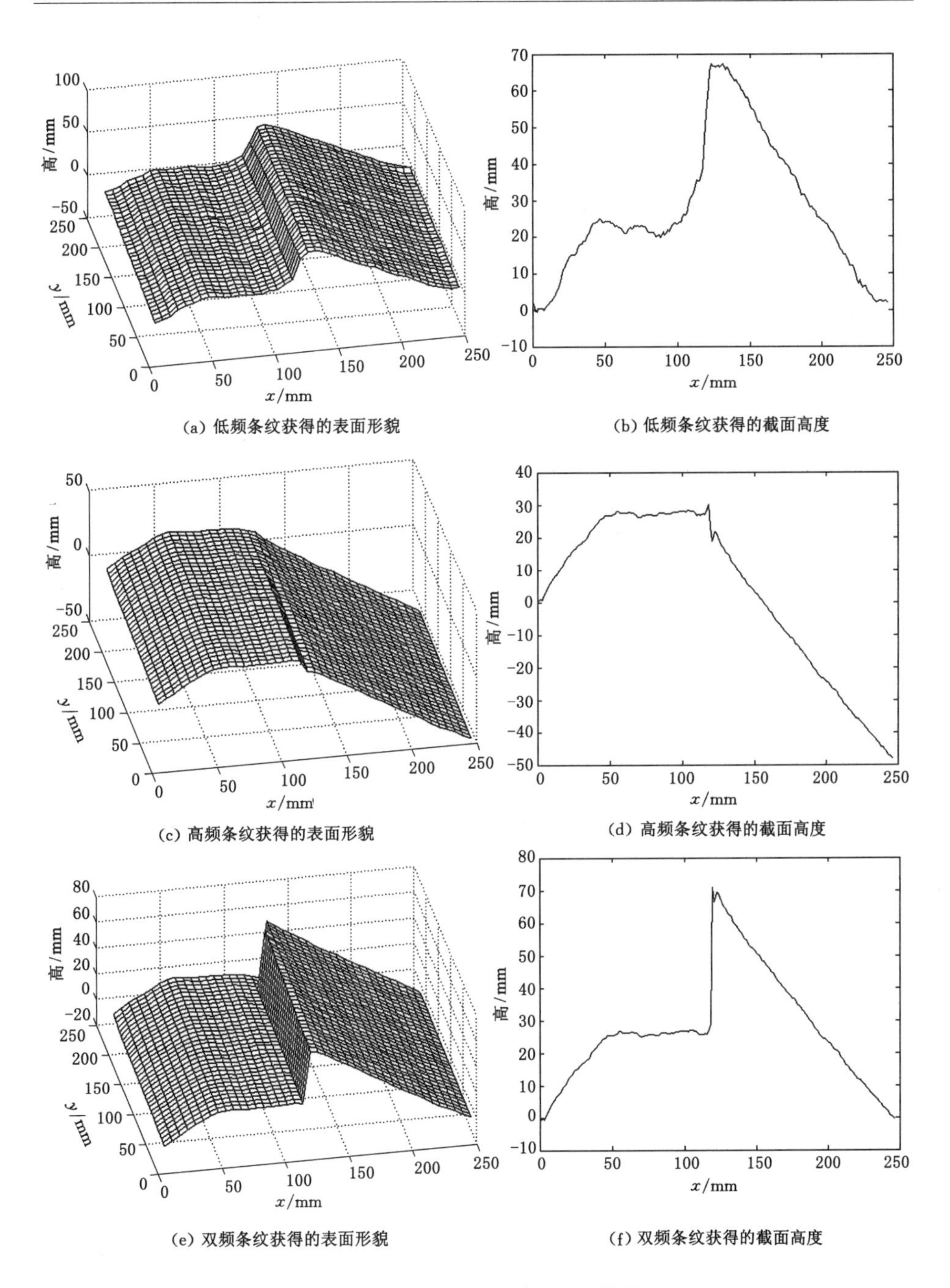

(a) 低频条纹获得的表面形貌　　(b) 低频条纹获得的截面高度

(c) 高频条纹获得的表面形貌　　(d) 高频条纹获得的截面高度

(e) 双频条纹获得的表面形貌　　(f) 双频条纹获得的截面高度

图 3-34　试件表面形貌的测量结果

第4章　基于激光三角法的煤流监测原理

在前面几章关于运动物体三维形貌光学测量方法的基础上，本章研究了基于激光投影光学测量的煤流量监测技术。由于煤堆截面轮廓是过煤量的一个重要参数，其测量的关键是如何准确提取煤堆表面激光光斑变形信息。为此，采用激光三角法测量原理对图像分别进行预处理和分割提取操作，获取条纹的中心线。在此基础上，针对激光提取过程可能出现的断裂进行修补，从而提高煤堆截面轮廓测量精度和可靠性。

4.1　测量系统设计

主要研究基于激光三角视觉法的煤矿胶带机堆煤参数测量系统整体设计，硬件包括相机、镜头、激光器。软件由 HALCON 为基础编写的图像矫正模块、中心线提取模块、参数测量模块等部分组成，系统整体设计方案的框架如图 4-1 所示。

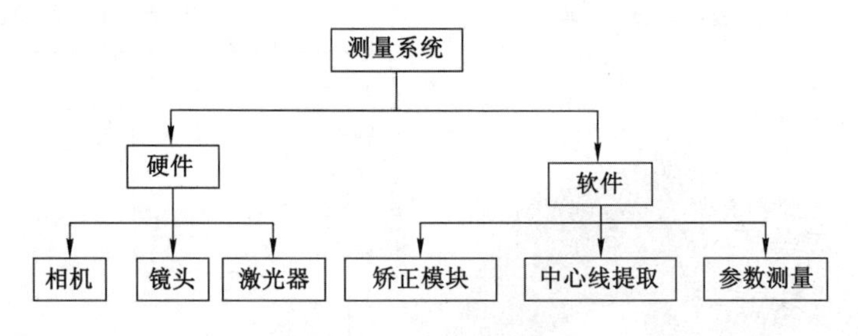

图 4-1　测量系统的框架

4.1.1　系统硬件设计

基于煤矿井下环境测量胶带机上煤流的参数，为保证系统的安全性，需要将视觉测量系统置于密闭性较好的隔爆壳中，在防爆箱体底部要开窗口，窗口上设视窗玻璃；防爆箱体内设多个腔室，每个腔室设置不同的电子元件。相机和激光器分别固定在型材骨架的移动机构和旋转机构上，便于调整相机与激光器之间的距离和激光器相对于竖直平面的角度。为了方便实验环境测量，本次实验测量系统简化了部分装置设计，去除了防爆箱体，同时采用支架代替悬挂装置，选择骨架为铝合金型材，其型号为 001 08 40 80L，驱动装置、CCD 相机直线移动机构和激光器角度旋转机构通过 M6 内六角头螺栓与型材骨架连接。实验台架实物如图 4-2 所示。

图 4-2　测量系统实物装置图

4.1.2　系统软件设计

煤流参数测量系统软件主要包括采集模块、图像处理模块和测量模块三大部分，组成框图如图 4-3 所示。其中，图像处理模块是参数测量中的关键，而软件系统的稳定运行、执行效率、软件开发平台的效率和开发周期对此有着不可分割的影响。因此，合理的选择软件处理平台对于高效率、高精度的完成煤堆参数的测量任务至关重要。

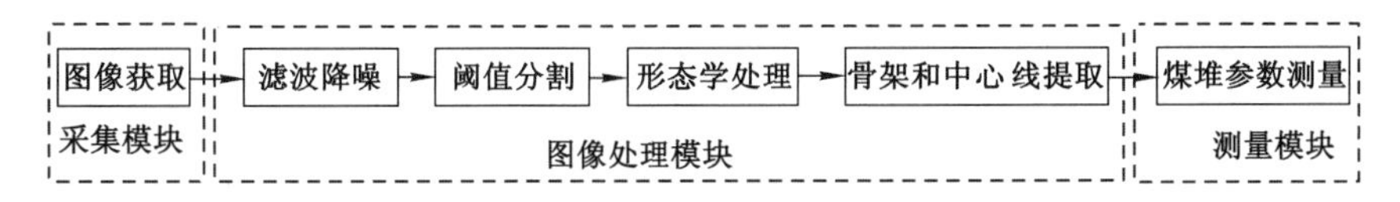

图 4-3　煤堆参数测量流程图

HALCON 是被广泛使用的机器视觉软件，它提供了辅助助手和可视工具以及编程提示，使编程和修改变得容易，开发周期短，开发成本低。其包含超过 1 600 个算子函数，具有高效的执行速度，支持多种操作系统和多种编程语言。

基于本章的研究需求，软件平台采用 HALCON 算法库进行图像处理，并利用 VS2010 对胶带输送机参数的实时监测进行人机交互界面设计。

4.2 图像系统畸变模型

4.2.1 理想透视模型

相机模型决定图像像素坐标与物理坐标间的关系。如图 4-4 所示，O 代表相机坐标系的原点，图像的平面坐标系是由图像原点 O_f 所在的平面构成。

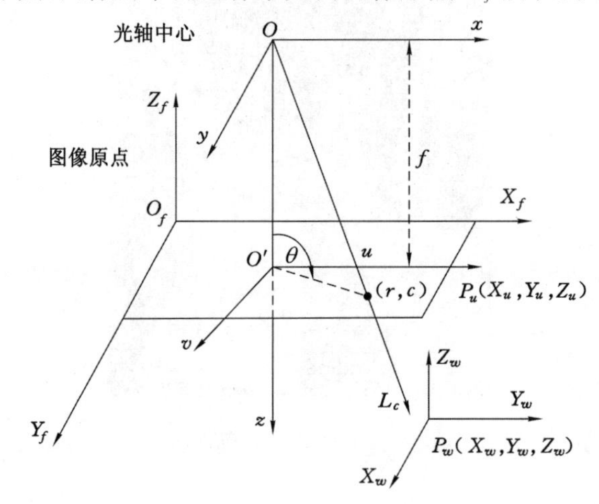

图 4-4 针孔相机模型

图像坐标系和像素坐标系的关系如式(4-1)所示：

$$\begin{cases} u = \dfrac{x}{\mathrm{d}x} + u_0 \\ v = \dfrac{y}{\mathrm{d}y} + v_0 \end{cases} \tag{4-1}$$

将式(4-1)表示为矩阵形式为：

$$\begin{bmatrix} u \\ v \\ 1 \end{bmatrix} = \begin{bmatrix} \dfrac{1}{\mathrm{d}x} & 0 & u_0 \\ 0 & \dfrac{1}{\mathrm{d}y} & v_0 \\ 0 & 0 & 1 \end{bmatrix} \begin{bmatrix} x \\ y \\ 1 \end{bmatrix} \tag{4-2}$$

将点 P_u 投影到像平面坐标系，可得关系如式(4-3)所示：

$$\begin{cases} x = f\dfrac{X_u}{Z_u} \\ y = f\dfrac{Y_u}{Z_u} \end{cases} \tag{4-3}$$

式中，f 为相机焦距，(X_u, Y_u, Z_u)表示相机坐标系中一点，(x, y)为像平面坐标系中对应坐标。将其用矩阵的形式表示为：

$$Z_u \begin{bmatrix} x \\ y \\ 1 \end{bmatrix} = \begin{bmatrix} f & 0 & 0 & 0 \\ 0 & f & 0 & 0 \\ 0 & 0 & 1 & 0 \end{bmatrix} \begin{bmatrix} X_u \\ Y_u \\ Z_u \\ 1 \end{bmatrix} \tag{4-4}$$

如图 4-5 所示，世界坐标系中点 P 的坐标为 (X_w, Y_w, Z_w)，将其变换到相机坐标系中用坐标表示 (X_u, Y_u, Z_u)。

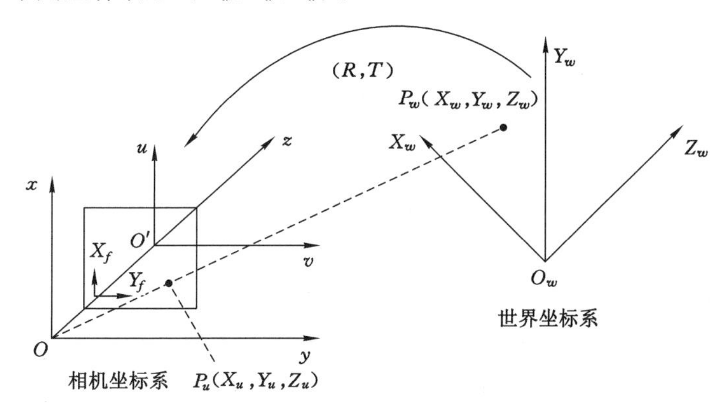

图 4-5　从世界坐标到摄像机坐标的刚性转换

则将世界坐标系中一点 $P(X_w, Y_w, Z_w)$ 经过旋转矩阵 $\boldsymbol{R}$ 和移动矩阵 $\boldsymbol{T}$ 转换到摄像机坐标系 $P_u(X_u, Y_u, Z_u)$ 的数学表达式如式(4-5)所示：

$$\begin{bmatrix} X_u \\ Y_u \\ Z_u \end{bmatrix} = \boldsymbol{R} \begin{bmatrix} X_w \\ Y_w \\ Z_w \end{bmatrix} + \boldsymbol{T} \tag{4-5}$$

其矩阵形式为：

$$\begin{bmatrix} X_u \\ Y_u \\ Z_u \\ 1 \end{bmatrix} = \begin{bmatrix} \boldsymbol{R} & \boldsymbol{T} \\ 0^{\mathrm{T}} & 1 \end{bmatrix} \begin{bmatrix} X_w \\ Y_w \\ Z_w \\ 1 \end{bmatrix} \tag{4-6}$$

结合上述公式，得到两个坐标系间的转换关系如式(4-7)所示：

$$Z_u\begin{bmatrix}u\\v\\1\end{bmatrix}=\begin{bmatrix}\frac{1}{\mathrm{d}x} & 0 & u_0\\ 0 & \frac{1}{\mathrm{d}y} & v_0\\ 0 & 0 & 1\end{bmatrix}\begin{bmatrix}f & 0 & 0 & 0\\ 0 & f & 0 & 0\\ 0 & 0 & 1 & 0\end{bmatrix}\begin{bmatrix}\boldsymbol{R} & T\\ 0^{\mathrm{T}} & 1\end{bmatrix}\begin{bmatrix}X_w\\Y_w\\Z_w\\1\end{bmatrix}$$
$$=\begin{bmatrix}\frac{f}{\mathrm{d}x} & 0 & \mathrm{u}_0 & 0\\ 0 & \frac{f}{\mathrm{d}y} & v_0 & 0\\ 0 & 0 & 1 & 0\end{bmatrix}\begin{bmatrix}\boldsymbol{R} & \boldsymbol{T}\\ 0^{\mathrm{T}} & 1\end{bmatrix}\begin{bmatrix}X_w\\Y_w\\Z_w\\1\end{bmatrix}=\boldsymbol{KM}\begin{bmatrix}X_w\\Y_w\\Z_w\\1\end{bmatrix} \tag{4-7}$$

式中，$\frac{f}{\mathrm{d}x}$、$\frac{f}{\mathrm{d}y}$、u_0、v_0 代表相机的内参，用 $\boldsymbol{K}$ 表示内参矩阵；其中旋转矩阵 $\boldsymbol{R}$ 和移动矩阵 $\boldsymbol{T}$ 组成外参矩阵 $\boldsymbol{M}$。可将公式(4-7)可以简化为：

$$Z_u\begin{bmatrix}u\\v\\1\end{bmatrix}=\boldsymbol{KM}\begin{bmatrix}X_w\\Y_w\\Z_w\\1\end{bmatrix} \tag{4-8}$$

从而将图像中一点从图像坐标系中代表的像素单位转换为世界坐标系中的长度单位。

4.2.2 相机畸变类型

针孔相机模型通常用于图像的形成。然而，对于真实的镜头，这一假设不再成立，图像会遭受一种非线性的透镜畸变，并且此畸变无法通过物理手段进行完全消除。在考虑畸变的情况下，为了方便将图像中一点从世界坐标系转换到平面坐标系，需要将畸变位移代入现有的畸变模型中进行拟合，得到相应的畸变系数，然后进行图像矫正，具体流程如图 4-6 所示。

真实的相机成像模型如图 4-7 所示，可知实际像素坐标(x',y')以及与之相对应的理想像素坐标(x,y)。在像平面中，根据真实像素坐标和理想像素坐标之间关系，可得镜头的畸变模型关系如式(4-9)所示：

$$\begin{cases}x=x'+\delta_x(x,y)\\ y=y'+\delta_y(x,y)\end{cases} \tag{4-9}$$

式中，$\delta_x(x,y)$表示 x 方向的畸变总和，$\delta_y(x,y)$表示 y 方向的畸变总和，它们受像素点所在图像中位置的影响。此时坐标关系转换如公式(4-10)所示：

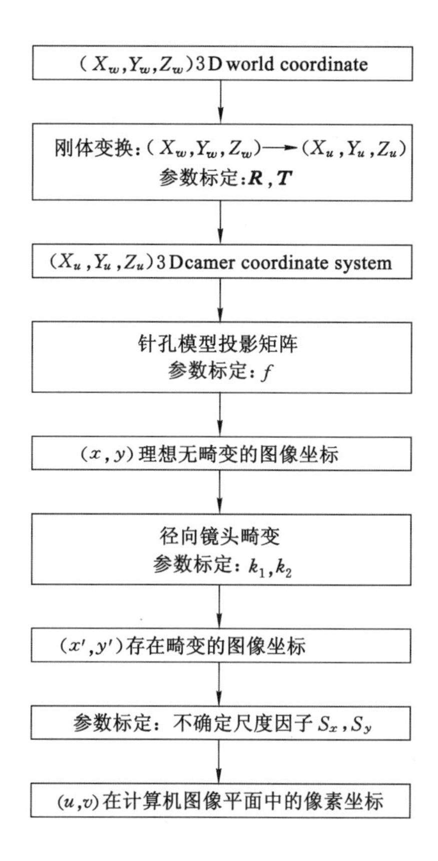

图 4-6　坐标系转换流程图

$$Z_u \begin{bmatrix} u \\ v \\ 1 \end{bmatrix} = \boldsymbol{KM} \begin{bmatrix} X_w \\ Y_w \\ Z_w \\ 1 \end{bmatrix} + \begin{bmatrix} \delta_x(x, y) \\ \delta_y(x, y) \end{bmatrix} \tag{4-10}$$

不同原因形成不同的畸变模型，具体如下所示。

(1) 径向畸变

径向失真是导致像素径向偏离的光学失真。根据偏差的方向，可分为桶形失真和枕形失真。如图 4-8 所示，像素点在桶形失真中径向移动到视场中心，而像素点在枕形失真中径向移动离开视场中心。两者的共同特征是畸变位移随着距镜头中心的距离增加而增加，如式(4-11)所示：

$$\begin{cases} \delta_{xr} = x'(k_1 r^2 + k_2 r^4 + k_3 r^6 + \cdots) \\ \delta_{yr} = y'(k_1 r^2 + k_2 r^4 + k_3 r^6 + \cdots) \end{cases} \tag{4-11}$$

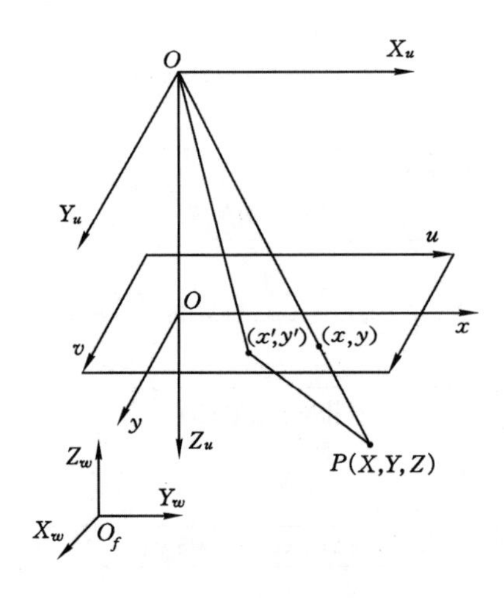

图 4-7 真实相机成像模型

式中，$r=\sqrt{x'^2+y'^2}$ 是每个像素到视野中心的距离，而 k_1、k_2 和 k_3 是径向失真系数。如果 $k<0$，则失真是一个桶形畸变；如果 $k>0$，失真是一个枕形畸变；如果 $k=0$，则意味着透镜没有失真。

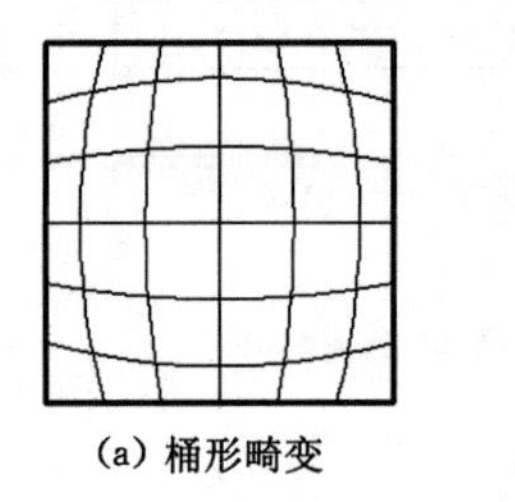

(a) 桶形畸变

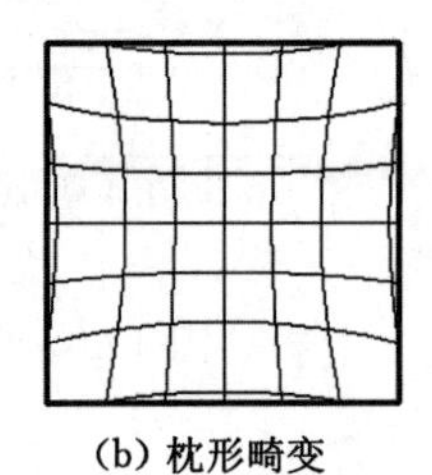

(b) 枕形畸变

图 4-8 径向失真分类

(2) 偏心畸变

偏心畸变往往在镜头与相机进行组装的过程中产生。安装后镜片与相机传感器平面(成像平面)不平行，就会产生偏心误差。

$$\begin{cases}\delta_{xd}=2p_1x'y'+p_2(r^2+2x'^2)+\cdots\\ \delta_{yd}=2p_2x'y'+p_2(r^2+2y'^2)+\cdots\end{cases}\tag{4-12}$$

式中，p_1，p_1，… 为偏心误差系数。

(3) 薄棱镜像差

薄棱镜像差主要发生在透镜设计和镜片的加工过程中，其偏差可表示为：

$$\begin{cases} \delta_{xp} = s_1 r^2 + \cdots \\ \delta_{yp} = s_2 r^2 + \cdots \end{cases} \tag{4-13}$$

式中，s_1，s_2 为薄棱镜的误差畸变系数。

4.3　镜头畸变矫正

综合上述三种畸变，而 $\delta_x(x,y)$ 与 $\delta_y(x,y)$ 又可以表示为：

$$\begin{cases} \delta_x(x,y) = k_1 x' r^2 + k_2 x' r^4 + 2p_1 x' y' + p_2(r^2 + 2x'^2) + s_1 r^2 \\ \delta_y(x,y) = k_1 y' r^2 + k_2 y' r^4 + 2p_1 x' y' + p_2(r^2 + 2y'^2) + s_2 r^2 \end{cases} \tag{4-14}$$

式中，k_1，k_2，p_1，p_2，s_1，s_2 为镜头畸变模型中的畸变系数。

因此，在进行相机镜头畸变矫正的过程中，不仅需要求取相机的内外参数，还需要求出 k_1，k_2，p_1，p_2，s_1，s_2 这六个畸变系数。机器视觉中通常选择薄透镜作为工业相机的镜头，从而后面两种畸变产生极小的误差可以忽略不计。此外，径向相机畸变也不大，采用其模型泰勒级数展开的第一项进行描述即可在较高稳定性的基础上满足精度要求。对于大多数镜头，其变形可以近似为径向变形[39,40]。综上所述，本章只考虑一阶径向畸变来进行相机的畸变矫正，畸变系数满足公式(4-15)：

$$\begin{cases} \delta_x(x,y) = (x' - u_u)(k_1 r^2 + k_2 r^4) \\ \delta_x(x,y) = (y' - v_u)(k_1 r^2 + k_2 r^4) \end{cases} \tag{4-15}$$

所以，公式(4-9)可以改写为：

$$\begin{cases} x = x' + (x' - u_u)(k_1 r^2 + k_2 r^4) \\ y = y' + (y' - v_u)(k_1 r^2 + k_2 r^4) \end{cases} \tag{4-16}$$

相机镜头的畸变模型和小孔成像的原理几乎一致，唯一区别在于，相机镜头的畸变需要将理想的坐标转换为实际的坐标，所以需要进行畸变矫正。

4.4　基于 HALCON 的面阵相机标定

HALCON 除了拥有亚像素精度的算法以及高效的处理性能外，它的开发环境中带有采集、标定、匹配、测量等不同的助手，利用此助手既省时又简单。因此，选择本章采用 HALCON 环境中自带的标定助手求取相机内参和外参，并进行畸变矫正。

标定的过程中，采集图像多少会影响最终标定的精确度。同时要求采集图像的位置和角度要覆盖相机能够达到的整个视场，特别是视场中畸变最大的角落和边缘，这样可以使求取的相机畸变参数更加准确，其具体标定步骤如下：

步骤1：打开HALCON环境中自带的标定助手，根据所使用标定板的大小、厚度以及使用相机的像元的宽高和焦距等参数进行标定前的配置工作。

步骤2：切换到标定栏，调用所连接的MER-230-168U3M/C面阵相机使其为实时采集状态，然后修改相机的曝光、增益等参数，使得成像质量更优。完成调整后开始进行视场中不同位置下标定板图像的采集。

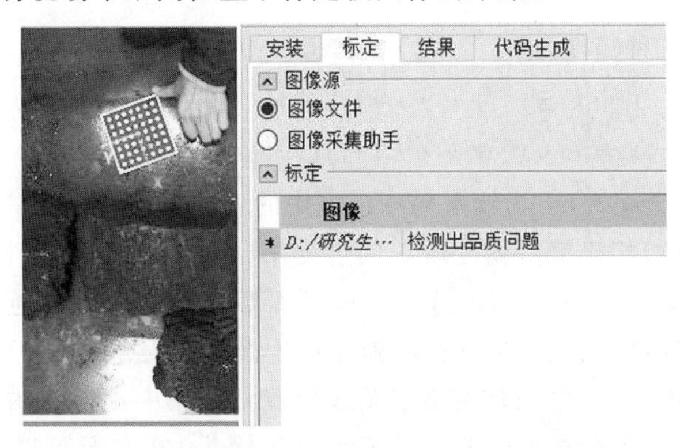

图4-9　标定图像采集

在此过程中，通过变换标定板在相机视野范围内的不同位置，使其能够完全地出现在相机视野范围内的边角中，并完成相应位置下的标定图像的采集，最后删除采集图像中标志点提取失败的图像，剩余28幅品质问题都正常的图片，如图4-10所示。

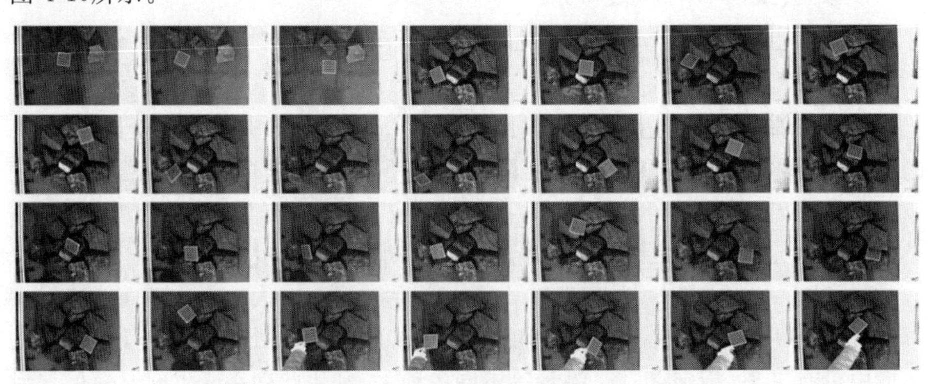

图4-10　标定图片

步骤3：设定参考位姿。一般设置第一幅直接放置测量平面的图片为参考图片。选择标定后要显示的参数，其中包括标定板区域、标志点中心、坐标系等。

步骤 4:点击标定按钮,检查标定状态是否成功,若显示成功则完成标定,并将标定好的结果生成代码,并点击插入代码。

4.5　相机参数标定结果

为了探究胶带机与相机之间的相对高度对测量的影响,本章采用高度可调的胶带机(可调节高度:50～70 cm)间接模拟其变化,通过计算其相机投影误差,确定相机镜头和胶带机表面的最佳高度。具体原理如图 4-11 所示。

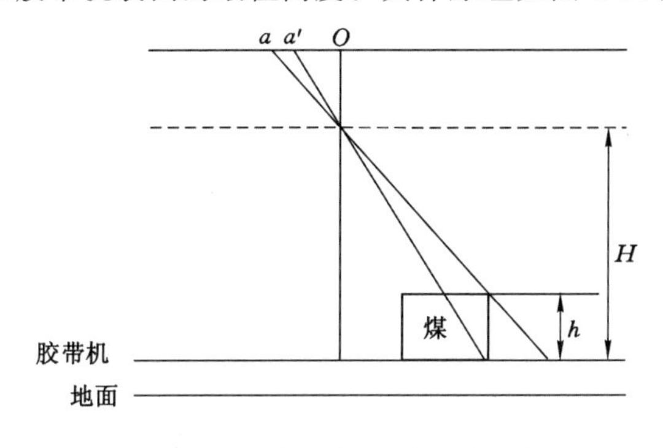

图 4-11　相机投影误差原理图

根据 HOLCON 中 calibrate_cameras()算子的 Error 来定量表征其影响大小。当两者之间的相对高度发生变化时,其平均投影误差计算公式如(4-17)所示:

$$\delta = \frac{h}{H} \cdot Oa \tag{4-17}$$

为了解胶带机与相机之间距离对相机投影误差的影响,做了如下实验,通过调节胶带机的高度,等间距取 6 个胶带机高度测量其平均投影误差,测得不同高度相机的平均投影误差如表 4-1 所示。

表 4-1　不同高度相机的平均投影误差

胶带机高度/cm	平均投影误差
50	0.033
54	0.045
58	0.053
62	0.077
66	0.081
70	0.082

通过表 4-1 可以看出随着胶带机与相机之间的相对高度增大,平均投影误差减小。因此,选择胶带机高度为 50 cm 较为合适。从而根据标定后导出的代码可得校正后的相机内外参数,其内参具体如表 4-2 所示。

表 4-2　工业相机内部参数

相机内参	标定值
焦距 f/mm	13.002 8
畸变 k	−1426.54
单个像元高 d_x/μm	5.86616e−006
单个像元宽 d_y/μm	5.86e−006
中心坐标点 S_x/pixel	980.716
中心坐标点 S_y/pixel	644.767

外部参数如表 4-3 所示。

表 4-3　工业相机外部参数

相机外参		标定值	相机外参		标定值
平移矩阵 $\boldsymbol{T}$	Δx/mm	−62.4405	转矩阵 $\boldsymbol{R}$	α/(°)	0.932 192
	Δy/mm	−160.691		θ/(°)	359.691
	Δz/mm	1 130.58		γ/(°)	70.601

为确保标定的准确性与稳定性,在标定完成后不能更改相机的相对位置,否则此次标定失效。基于此结果进行畸变校正,效果如图 4-12 所示。

(a) 矫正前

(b) 矫正后

图 4-12　畸变矫正

在矫正后的图像中任意选择两个像素点，其像素坐标分别为 (u_1, v_1) 和 (u_2, v_2)，根据标定获取的相机的内外参数将其像素坐标通过 image_points_to_world_plan( ) 算子转化为世界坐标，其世界坐标分别表示为 (x_1, y_1) 和 (x_2, y_2)。然后计算两像素点的像素距离 d_1 和世界坐标距离 d_2，如式(4-18)和式(4-19)所示：

$$d_1 = \sqrt{(u_1 - u_2)^2 + (v_1 - v_2)^2} \tag{4-18}$$

$$d_2 = \sqrt{(x_1 - x_2)^2 + (y_1 - y_2)^2} \tag{4-19}$$

则每个像素对应的世界坐标距离为 K，即坐标转换系数，如公式(4-32)所示：

$$K = \frac{d_2}{d_1} \tag{4-20}$$

4.6 建立煤堆体积测量模型

在实际煤流量测量实验之前，根据激光三角法原理拍摄一幅胶带机空转下的激光条纹做准备，如图 4-13(a)所示。然后堆放煤堆于胶带机上，并启动电机使胶带正向转动，在同一视场下，激光条纹位置随煤堆的移动发生了偏移，胶带机上煤堆越高，偏移量越大，其堆放煤堆后的激光条纹如图 4-13(b)所示。

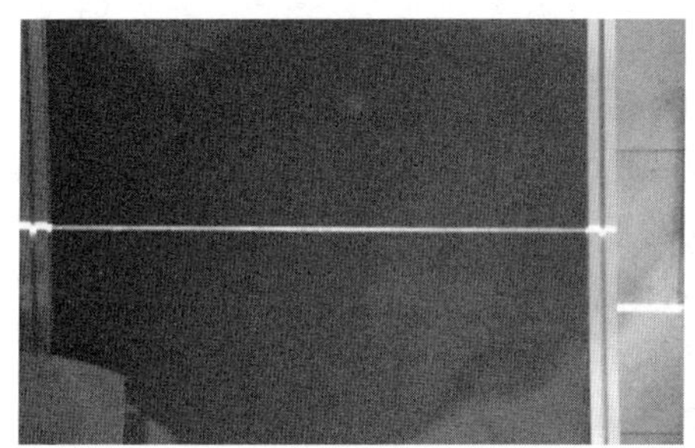

(a) 胶带机空转

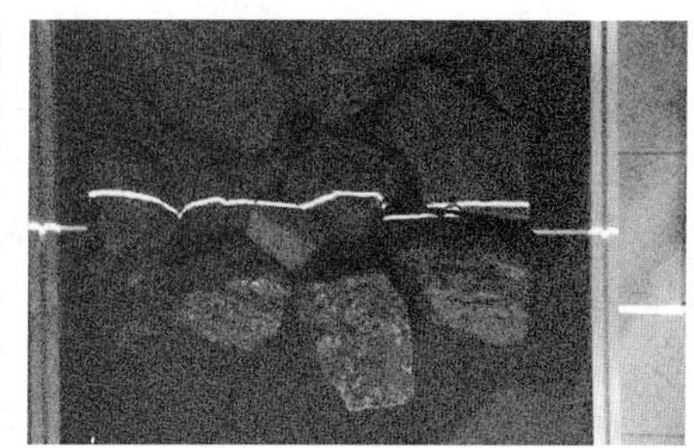

(b) 放置煤堆后

图 4-13 不同情况下胶带机上激光线

胶带机上煤堆的体积计算可以表示为：

$$V = S \times d \tag{4-21}$$

式中，S 为激光线打在煤堆处的截面积，d 为胶带机上煤堆所占的长度。

已知相机的帧率为 f，所以相机在一秒内采集 f 张图片，即可获得 f 帧煤堆的截面积。假设胶带机的速率为 v m/s，且匀速运动，可得堆放的煤堆长为：

$$d = \frac{v}{f} \tag{4-22}$$

则体积计算公式变为：

$$V = \frac{S \times v}{f} \tag{4-23}$$

由煤堆激光线相对于空载激光线的偏移可得一帧煤堆截面积为：

$$S = \int_{a}^{b} h(x)\mathrm{d}x \tag{4-24}$$

式中，a 和 b 分别代表激光线的起点和终点坐标，$h(x)$ 为 a 到 b 间每点煤堆的高度。

根据激光三角法原理可知，每点高度与投影在胶带机上的激光器角度满足一定的几何关系，如下所示：

$$h = \mu \times \tan \alpha \tag{4-25}$$

式中，α 表示激光器发射点到物体之间连线与竖直方向的夹角，h 为某点的高度，μ 为激光器照射下光点的投影距离。当且仅当 $\alpha = 45°$ 时，此点的高度和投影距离相等。

根据激光三角法原理，可从图 4-13 的(a)和(b)中获取激光线之间的每点位置差，即为每点的投影距离。可得当前激光线下的煤堆截面积为：

$$S = \tan \alpha \cdot \int_{a}^{b} \mu(x)\mathrm{d}x \tag{4-26}$$

式中，$\mu(x)$ 值由 a 到 b 之间的像素个数确定。

像素大小由相机的分辨率决定，而实验过程中，相机和视场是固定不变的，所以获取的每一幅图像中激光线所对应的像素个数不变。但是不规则图形的 $\mu(x)$ 是不容易找到的，为此，提出了黎曼和法求取不规则图形截面积的近似解。如图 4-14 所示，将 X 坐标轴上区间$[a,b]$均分成 n 等份，其中被均分的每等份的面积能够用小矩形面积来代替，然后将等分的 n 个小矩形面积进行累加，即为所求的黎曼和。即为煤堆截面像素面积的离散表达式：

$$S(i) = \tan \alpha \cdot \sum_{n=m}^{N} \mu(n) \tag{4-27}$$

式中，n 代表激光线所占的像素个数，m 和 N 表示堆放煤堆后激光线起点和终点所代表像素的横坐标。根据黎曼和求截面积的重点为求 $f(x_j)$ 的值，并且 n 越大，结果越精确，则煤堆真实截面积可表示为：

$$S(n) = K^2 \cdot \tan \alpha \cdot \sum_{n=m}^{n=N} \mu(n) \tag{4-28}$$

式中，K 为每个像素对应的世界坐标距离，即坐标转换系数。

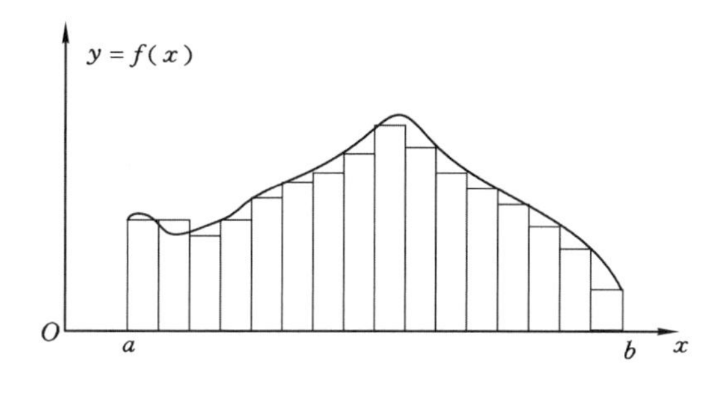

图 4-14　黎曼和求截面积

设胶带机以 $v(t)$ 的速度水平运动输送煤块，且 $S(1)$，$S(2)$，…，$S(n)$ 表示为第 1，2，…，n 帧激光中心线所包围的煤堆截面轮廓截面积，如图 4-15 所示，设第 t 帧煤堆截面积为 $S(t)$，则在 t 时间段内，煤堆体积的计算公式为：

$$V = \sum_{i=1}^{n} p(i) = \frac{1}{f} \sum_{i=1}^{n} S(i) v(i) \tag{4-29}$$

式中，f 为相机的帧率，$v(i)$ 为胶带机的运行速度，n 为截面积个数。

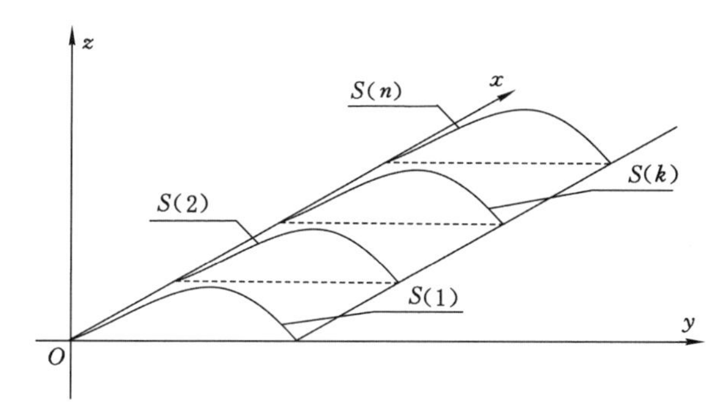

图 4-15　煤流体积数学测量模型

由于胶带机和煤堆之间有摩擦力的存在，故胶带机的运转速度大于胶带机上煤堆的运动速度，可以通过计算某一煤块的运动速度代表整个煤堆的运动速度。假设煤堆中同一特征煤块的质心在两帧图像中坐标分别为 (x_1, y_1) 和 (x_2, y_2)，则计算两帧图像中煤块的移动距离，即为两点之间的距离，计算公式如式(4-30)所示：

$$l = \sqrt{(x_1 - x_2)^2 + (y_1 - y_2)^2} \tag{4-30}$$

已知第一幅图到第二幅图像之间的拍摄时间差 t，可得煤堆的实际运行速度 v' 为：

$$v' = \frac{l}{t} \tag{4-31}$$

因此,胶带机上煤堆体积的计算公式可以转换为:

$$V = K^2 \cdot \tan\alpha \cdot \frac{\sqrt{(x_1 - x_2)^2 + (y_1 - y_2)^2}}{f \times t} \cdot \sum_{n=m}^{N} \mu(n) \tag{4-32}$$

通过此模型将激光三角法获取的物体高度像素的偏移量转化为每一帧图像的截面积,然后通过相机连续获取图片,将其转化为煤堆的体积测量。此过程计算方法简单,精度高。

第 5 章　激光图像机器视觉处理算法

5.1　图像灰度化

采用激光三角法对胶带机上煤堆参数测量的过程中，需要保留激光条纹、煤堆的边缘等信息，而煤堆颜色信息没有明显的影响，不需要特别注意，因此可以对采集的煤堆图像进行灰度化处理[41]，以降低测量系统的数据处理和存储量，提高系统计算精度和响应速度。

现在大多数工业相机获取的图片三通道图像，属于 RGB 颜色模型。如图 5-1所示，空间坐标系的轴分别表示为红色(R)、绿色(G)、蓝色(B)，并且通过轴上位置来量化对应不同颜色的亮度，因此任意的颜色均可以在这个坐标系中表示出来。

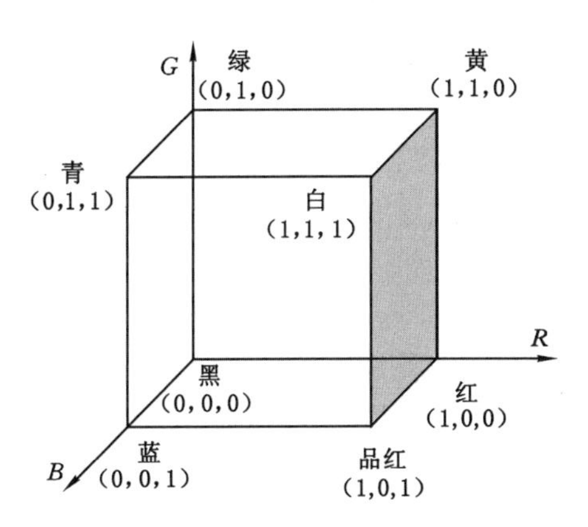

图 5-1　RGB 模型图

图像灰度化处理过程中常用的方法有两种[42]，其中，三分量平均法是将三通道的三个亮度和求取平均值，如公式(5-1)所示：

$$f(x,y)=[R(x,y)+G(x,y)+B(x,y)]\div 3 \tag{5-1}$$

加权平均法是通过分别设置不同的权值进行加权平均处理。研究表明人眼对 RGB 三原色的敏感程度由高到低依次为绿色、红色、蓝色，其对于 RGB 三原色的权值分别为 0.299、0.587、0.114。最终，基于此方法获取的灰度值如公式(5-2)所示：

$$f(x,y)=0.299R(x,y)+0.587G(x,y)+0.114B(x,y) \tag{5-2}$$

式中，$f(x,y)$ 为灰度变化后图像的像素灰度值。本系统通过采用 rgb3_to_gray()算子将通过工业相机获取的三色彩图转换为单纯的灰色图片，其效果如图 5-2 所示：

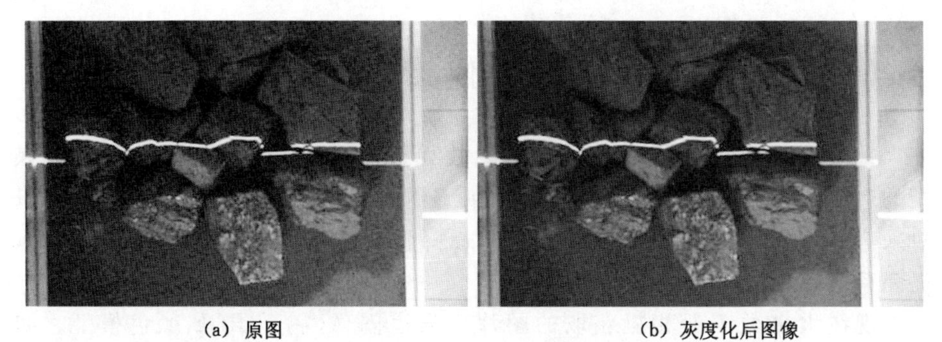

(a) 原图　　(b) 灰度化后图像

图 5-2　图像灰度化效果图

由图 5-2 可知，图像灰度化处理只改变了颜色通道数，没有改变煤堆轮廓图像中的激光线边缘、激光线形状以及图像大小和质量等信息，但处理后的图像信息量减少，因此有利于图像的后续处理。

5.2　图像滤波

煤矿井下环境十分复杂，环境光和空气中飘浮的粉尘颗粒会对工业相机拍摄的照片带来噪声。本章基于激光三角法原理进行煤堆截面轮廓的测量，对其激光线轮廓清晰度的要求较高，图片中噪声的存在使得图片的质量下降，从而影响煤堆截面轮廓的测量，可通过滤波处理提高图像的抗干扰能力[43]。图像滤波主要有空间域滤波和频率滤波两种[44]。前者能增强其轮廓的边缘特征、去除图像中存在的模糊现象；后者能够屏蔽高频或者低频信号的干扰。接下来分别使用不同方法进行滤波，并对滤波结果进行评估。

5.2.1　空间域滤波

空间域滤波器是通过对图像中某一点像素邻域中所有像素进行提前设定的操作，使得该点生成一个新的像素值来代替原来该邻域中心点的像素坐标，此过程即为滤波操作。图 5-3 为空间域滤波的机理，具体处理过程如下：首先对预定义以 (x,y) 为中心点邻域内的像素进行计算，然后用计算后的新像素值作为中心点 (x,y) 的值，重复上述操作对图像中的每一个像素点进行遍历，通过 $s\times t$ 滤波器对 $x\times y$ 图像进行滤波后，获得新的像素值可表示为：

$$g(x,y)=\sum_{s=-a}^{a}\sum_{t=-b}^{b}w(s,t)f(x+s,y+t) \tag{5-3}$$

根据公式(5-3)可知，可以通过改变中线点 x 和 y 的像素值，使得滤波器可以访问原图中每点的像素。

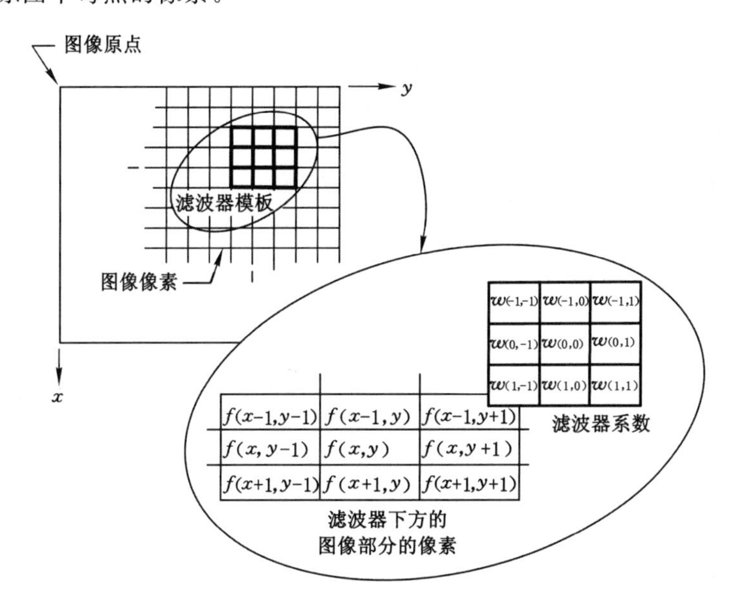

图 5-3　空间域滤波器的机理图

为了消除采集的图像噪声，且保持图像的边缘特征和激光线轮廓等特征信息不变，分别采用不同尺寸的不同滤波器模板对灰度图像进行滤波处理，通过对比选择合适的滤波方法。

(1) 均值滤波

均值滤波是通过对图像中的每点邻域像素的和求取平均值来代替图像中此点的像素值。则图像中点 $f(x,y)$ 是以像素点 (x,y) 为区域的中心值，且此区域中一共包含 N 个像素点，均值滤波后像素值的具体表达如公式(5-4)所示：

$$g(x,y)=\frac{1}{N}\sum_{(x,y)\in N}f(x,y) \tag{5-4}$$

分别采用尺寸为 3×3、5×5、9×9 均值滤波器模板将灰度化后的图像进行均值滤波，其效果如图 5-4 所示。

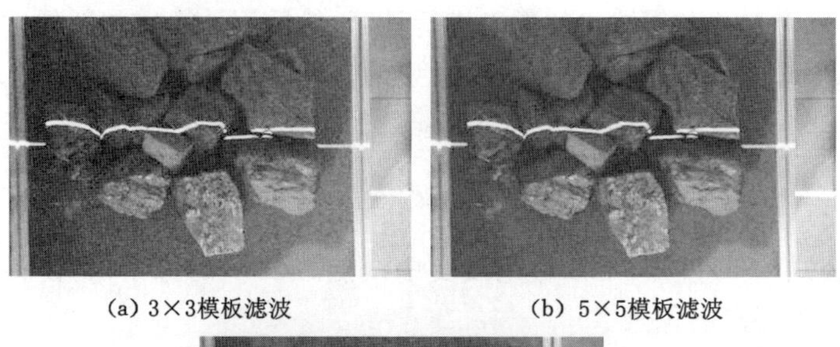

(a) 3×3模板滤波　　(b) 5×5模板滤波

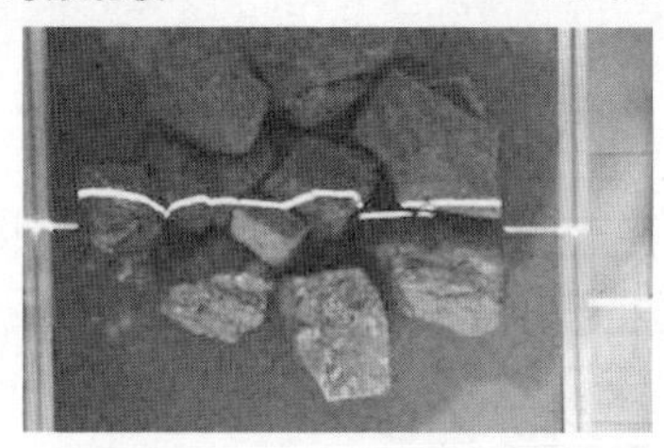

(c) 9×9模板滤波

图 5-4　不同尺寸模板的均值滤波效果图

由图 5-4 可以看出，图像在一定程度上变得平滑了。如图 5-4(a)所示，当使用 3×3 的滤波器模板进行图像均值滤波后，影响激光线清晰度的噪声被过滤掉一部分，同时煤堆和激光线边缘细节轻微模糊。如图 5-4(b)和 5-4(c)所示，经均值滤波后的煤堆图像，其噪声被滤除了，同时煤堆和激光线边缘模糊程度也不同程度上加严重。综上所述，采用图像的均值滤波可以很大程度上降低图像中像素灰度值的突变情况，有效地减少因环境因素所带来的噪声干扰，但这种滤波也会带来负面影响，其滤波器模板尺寸越大边缘越模糊。因此，均值滤波的方法不适合于本章进行图像的滤波处理。

(2) 中值滤波

中值滤波是对图像中每点像素邻域中所包含的像素灰度值进行排序后取其中间值代替原邻域中心点的像素值[45]。这种滤波方法有很好的平滑效果，并且相对于均值滤波，其模糊程度有所改善。根据中值滤波原理计算采集图像中具体每点邻域的像素中值，其具体表达如式(5-5)所示：

$$g(x,y)=m\{f(x-m,y-n),m,n\in A\} \tag{5-5}$$

式中，式(5-5)中 A 为中值滤波模板，$f(x,y)$与$g(x,y)$ 分别代表中值滤波前后图像中某点的灰度值。基于此原理进行滤波后的效果如图 5-5 所示。

由图 5-5 总体可以看出，中值滤波从一定程度上去除了由环境等因素造成的模糊。如图 5-5(a)所示，当灰度化后的图像经过 3×3 的中值滤波器模板滤波

(a) 3×3模板滤波

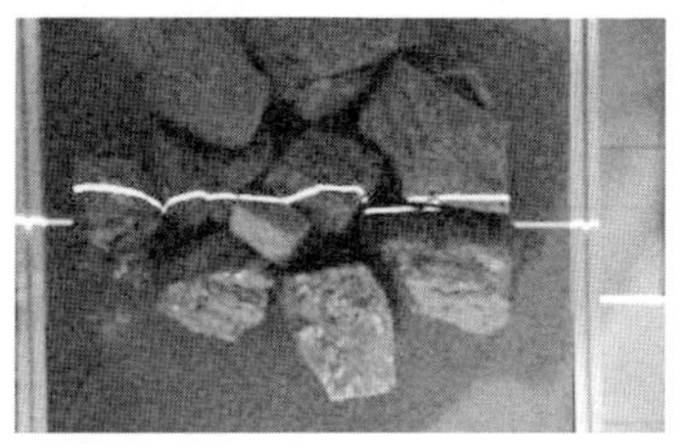

(b) 5×5模板滤波

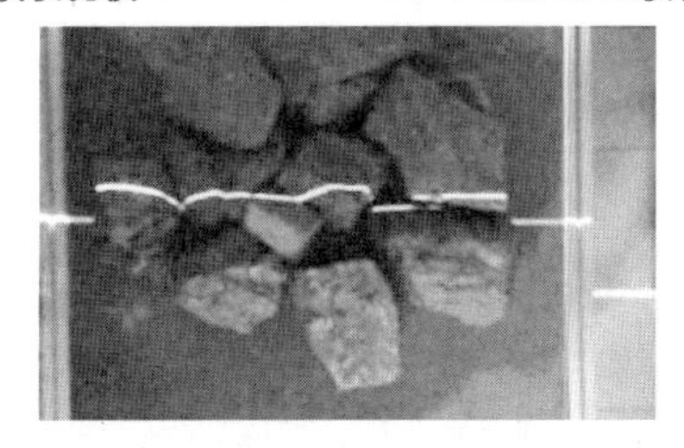

(c) 9×9模板滤波

图 5-5　不同尺寸模板的中值滤波效果图

后，图像的噪声很大程度上减小了，并且也没有明显的边缘模糊现象，但噪声去除不彻底；如图 5-5(b)所示，使用 5×5 的中值滤波器模板滤波后，噪声肉眼不可见，且也没有明显的模糊；如图 5-5(c)所示，使用 9×9 的中值滤波器模板滤波后，虽然噪声滤除，但是开始出现模糊现象。

5.2.2　频率域滤波

频率域中的滤波技术是通过修改傅里叶变换实现目标，然后进行傅里叶变换的逆运算返回到空间域。相比较空间域滤波器，频率域滤波器更加直观、操作更加简单。

假设图像大小为 $M \times N$ 的某点像素值为 $f(x,y)$，其滤波公式如(5-6)所示：

$$g(x,y) = \mathfrak{F}^{-1}\left[H(u,v)F(u,v)\right] \tag{5-6}$$

式中，$F(u,v)$ 是将输入图像 $f(x,y)$ 进行傅里叶变换后的图像，$g(x,y)$ 为滤波后的输出图像函数。其频率域滤波流程如图 5-6 所示。

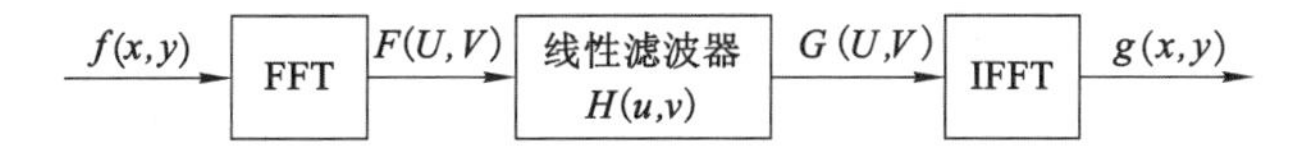

图 5-6　频域滤波流程图

通过频率域滤波去除图像中的高频分量的三种常用低通滤波器的传递函数

如表 5-1 所示。

表 5-1　低通滤波器传递函数

理想低通滤波器	巴特沃斯滤波器	高斯滤波器
$H(u,v)=\begin{cases}1, D(u,v)\leqslant D_0\\0, D(u,v)>D_0\end{cases}$	$H(u,v)=\dfrac{1}{1+[D(u,v)/D_0]^{2n}}$	$H(u,v)=e^{-D^2(u,v)/2D_0^2}$

其中，D_0 为截止频率，n 为巴特沃斯滤波器的阶数。$D(u,v)$ 是频率中点 (u,v) 与频率矩形中心的距离。

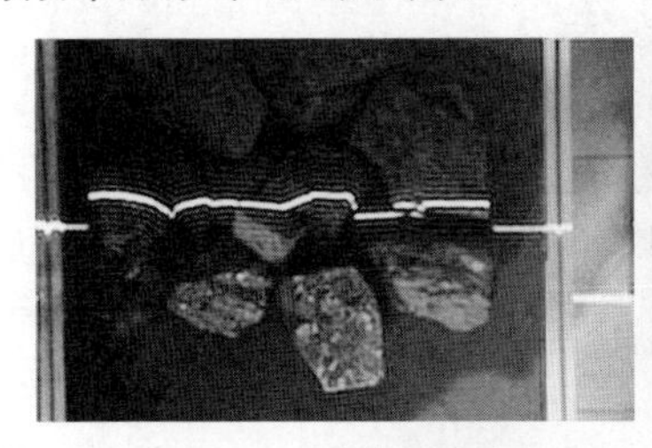

(a) D_0=0.1 理想低通滤波器

(b) 2阶巴特沃斯滤波器

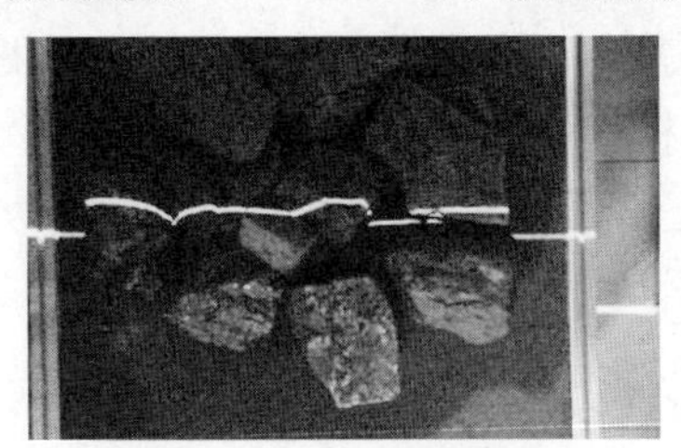

(c) 3×3卷积核高斯滤波器

图 5-7　不同低通滤波器在频率域滤波后的图像

观察频率域中三种不同的低通滤波器滤波后的图像可知，三幅图像都在一定程度上降低了噪声的干扰，但是也都造成了图像的模糊，为后续处理带了困难，因此，不选此方法作为本章的图像滤波方法。

综上所述，在既滤波又尽量保留图像的细节特征且不会引起模糊的条件下，选择中值滤波尺寸为 5×5 的模板滤波器过滤噪声效果最好，具体使用方法为：调用 HALCON 中 median_image()算子，选择正方形滤波器模板，设正方形的边长为 5，从而完成图像的中值滤波，消除灰度图片中椒盐噪声。

5.3　图像增强

图像的处理会导致其质量降低，甚至会覆盖一些重要的特征。图像经 5×5 的滤波器模板进行中值滤波后其灰度直方图如图 5-8 所示。

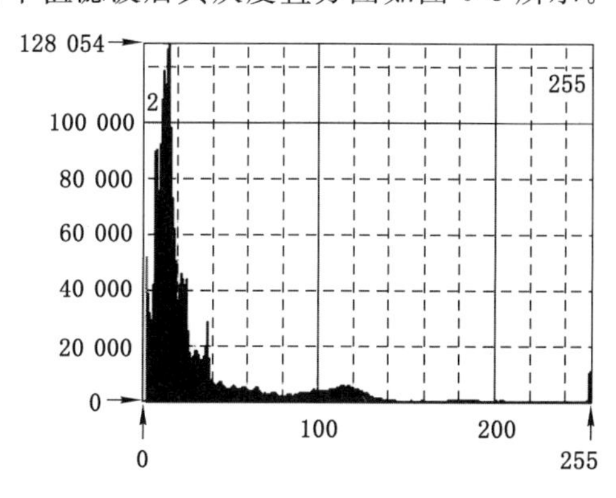

图 5-8　滤波图像的灰度直方图

由图 5-8 可以看出，原始图像直方图中的灰度值主要集中在低亮度级的一个窄区域，这对于图像的边缘检测以及特征提取是极其不利的，也表明采用图像滤波处理后的图像效果变化不明显。为了提高图像对比度，加快图像处理的效率和提高测量精度，保障煤矿井下胶带机的稳定运行，采用图像增强的手段进行处理。图像增强手段有很多种，接下来将采用几种常见的图像增强方法来对图像进行处理，并对其结果进行比较，从而选出最优的图像增强方法。

5.3.1　图像灰度变换

图像灰度变换实质上是运用特定的函数对空间域中像素点的灰度值进行运算，拉开图像中前景和背景的相同程度，使得有效区域的清晰度更加明显，变换公式如(5-7)所示，接下来分别介绍不同变换函数下灰度变换的效果。

$$g(x,y)=T[f(x,y)] \tag{5-7}$$

式中，$f(x,y)$ 为灰度变换前的数字图像；$g(x,y)$为 $f(x,y)$ 经过 T 操作后的数字图像。

(1) 线性灰度变换

线性灰度变换的实质是通过对其原函数的本身进行一个单值变换，有效地改善因曝光不足或者曝光严重带来的模糊现象。而胶带机在极其恶劣的煤矿井下运输，且运输的煤块为黑色，除此之外没有其他明显特征，使得采集图像的灰度值均较小，因此可以基于此原理拓宽图像的灰度区域大小。

设煤矿井环境下采集到的图像灰度值 $f(x,y)\in[a,b]$，经过变换使其图像灰度值变为 $g(x,y)\in[c,d]$，其变换关系如图 5-9 所示。

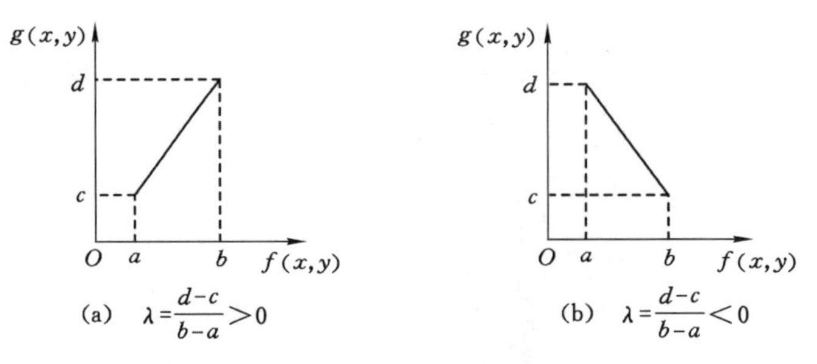

图 5-9 灰度线性变换关系

其线性变换如式(5-8)所示：

$$g(x,y)=c+\lambda[f(x,y)-a] \tag{5-8}$$

式中，斜率为 $\lambda=\dfrac{d-c}{b-a}$。

当 $\lambda>1$ 时，图像的灰度动态范围就会扩大，这样就可以改变光线不足带来的影响；当 $\lambda=1$ 时，图像的灰度范围不改变，当 $0<\lambda<1$ 时，图像的原始灰度变换区间将会被压缩到一个小的灰度范围中；当 $\lambda<0$ 时，图像中的灰度将会发生反转，即暗的变亮，亮的变暗。本章通过选取不同范围的 λ 值进行图像处理，效果图如 5-10 所示。

(a) $\lambda>1$时变换后图像

(b) $0<\lambda<1$时变换后图像

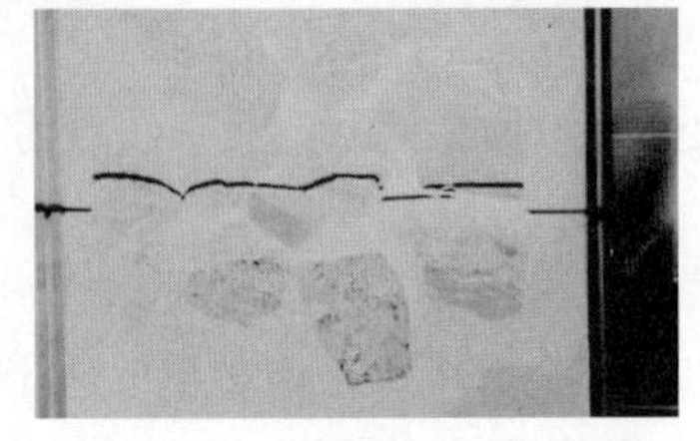

(c) $\lambda<0$ 时变换后图像

图 5-10 线性灰度变换后效果图

由图 5-8 可知，滤波后图像的灰度值主要集中在 20～80 之间，图像中背景和前景之间的对比度比较小，为了增加前景和背景之间的对比度，选择 $\lambda>1$ 的斜率进行灰度线性变换后的效果比较好，如图 5-10(a)所示。其具体过程如下：使用 scale_image(Image：ImageScaled：Mult，Add：)算子，令 Mult＝2(即 $\lambda=2$)拉开图像的对比度；采用 scale_image_max()算子使其灰度值恢复到 0～255 之间，进而增强对比度。

(2) 分段线性灰度变换

线性灰度变换是改变图像整体的对比度，而在实际图像处理过程中，有些区域没有明显的特征，且不存在有效信息，故这部分可以忽略不做处理。如果处理整幅图像就会降低测量过程的整体效率。基于此原理，可以将灰度区间分为三个子区间的线性灰度变换，如图 5-11 所示。其中原始图像中灰度值为$[a,b]$的区间为目标所在的区间，经函数变换灰度值扩展为$[c,d]$，其他区间采用空间压缩的方法，则变换函数的表达式如公式(5-9)所示。

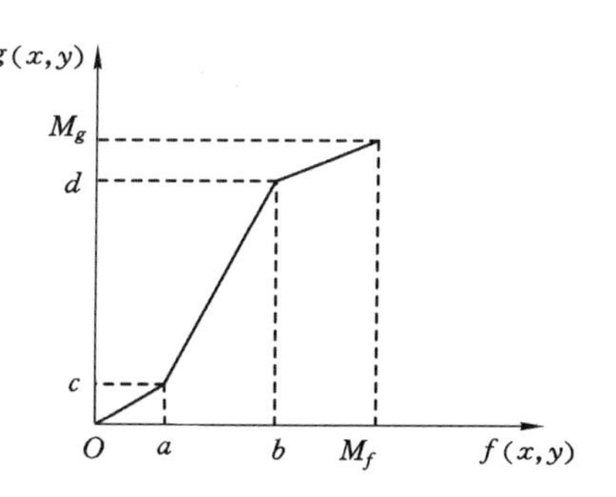

图 5-11　分段灰度线性变换

$$g(x,y)=\begin{cases}\dfrac{c}{a}f(x,y) & 0\leqslant f(x,y)\leqslant a\\[2mm] \dfrac{d-c}{b-a}[f(x,y)-a]+c & a\leqslant f(x,y)\leqslant b\\[2mm] \dfrac{M_g-d}{M_f-b}[f(x,y)-b]+d & b\leqslant f(x,y)\leqslant M_f\end{cases}\qquad(5\text{-}9)$$

由式(5-9)可知，通过调节最小灰度值 c 和最大灰度值 d 可以改变每段子区间的倾斜度，实现图像子区间的拉伸或压缩变换，其处理后的效果如图 5-12 所示。

对比图 5-10 和图 5-12 可知，经分段线性灰度变换后图像中白色的激光线轮廓与黑色煤堆之间的对比度更加明显，且比线性灰度变化效果更显著。

(3) 非线性灰度变换

非线性灰度变换大致可分两种，其中，对数变换用于拓展低灰度区，使其细节更加丰富，和人眼观察的情况最接近，适用于过暗的图像。变换公式如(5-10)所示，其灰度变换曲线如图 5-13 所示，变换后图像效果如图 5-15(a)所示。

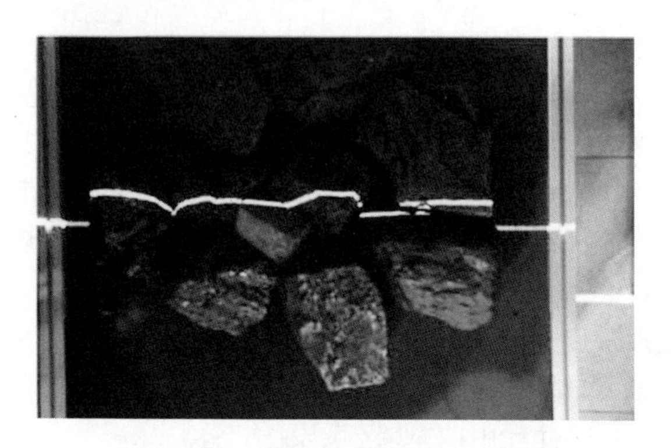

图 5-12　分段线性灰度变换后效果图

$$g(x,y)=a+\frac{\ln[f(x,y)+1]}{b} \tag{5-10}$$

式中，a 和 b 为调制参数。

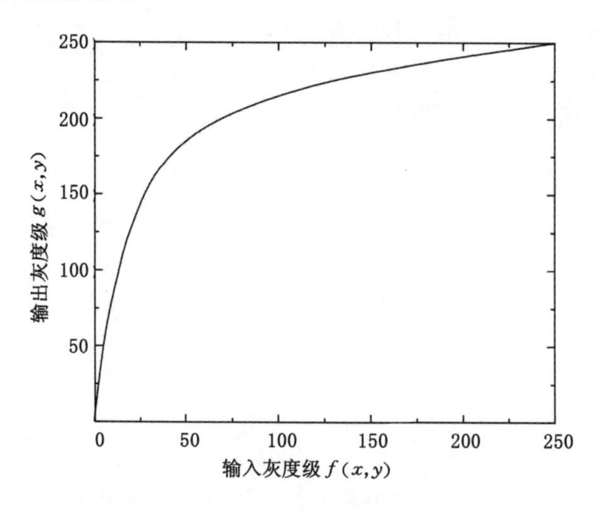

图 5-13　对数变换曲线

指数变换通过改变 γ 的取值进行不同的灰度映射，其变换公式如(5-11)所示：

$$g(x,y)=\psi[f(x,y)+\varepsilon]^{\gamma} \tag{5-11}$$

式中，Ψ 为缩放系数，ε 为补偿系数。不同 γ 值下指数变换曲线如图 5-14 所示，变换后图像效果如图 5-15(b)、(c)所示。

观察图 5-15 可以发现，经对数变换和 $\gamma=0.5$ 的指数变换后，图像中激光线和煤堆的亮度均提高，但是对比度降低，而经 $\gamma=2$ 的指数变换后，物料边缘变得

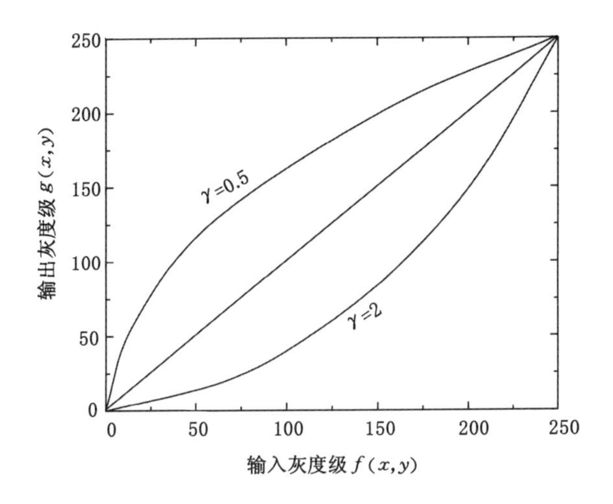

图 5-14 指数变换曲线

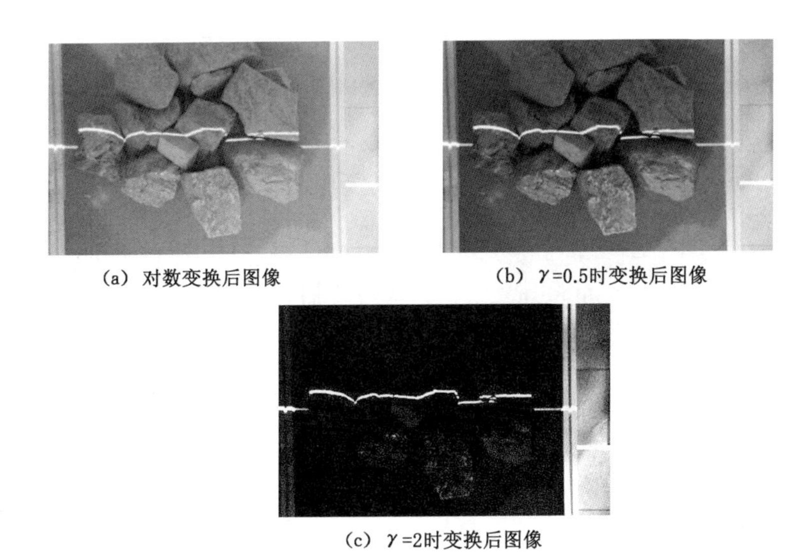

图 5-15 非线性灰度变换后效果图

不清晰，这对于后续的边缘检测以及图像分割是极其不利的。因此，非线性变换不适用于本实验进行图像增强处理。

5.3.2 直方图均衡化

灰度直方图是将图像中的灰度值基于灰度等级表达为直方图的形式，而直方图均衡化的目的是使变换后的灰度值均匀分布来提高图像对比度，符合人的视觉特征。以一幅连续的灰度图像为例，将灰度范围为 $[r,dr]$ 的原图像变换为 $[s,ds]$，即：

$$P_r(r)\mathrm{d}r = P_s(s)\mathrm{d}s \tag{5-12}$$

式中，P 代表变换前后图像像素个数。

对其两边取积分后可得连续图像的累积分布函数。

$$s = T(r) = \int_0^r P_r(w)\mathrm{d}w \tag{5-13}$$

同理可得离散图像的累计分布函数：

$$s_k = T(r_k) = \sum_{j=0}^{k} \frac{n_i}{n} \tag{5-14}$$

采用 equ_histo_image()算子对采集的煤堆灰度图进行直方图均衡化后如图 5-16 所示，相较于图 5-8，可以发现图像的灰度级范围变宽，且图像更亮，但激光条纹和煤块之间色彩对比度明显变小。

(a) 均衡化后图像

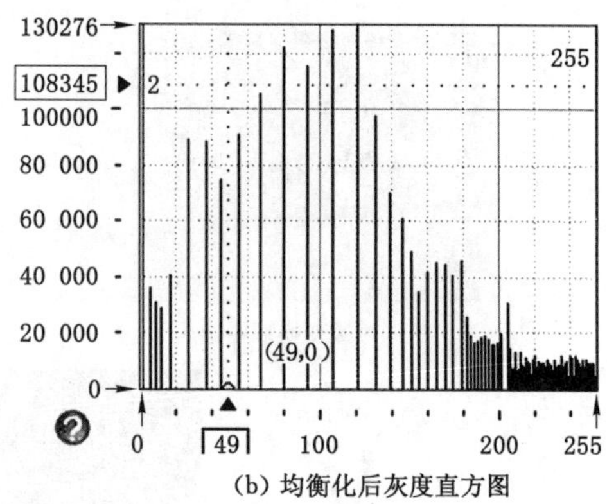

(b) 均衡化后灰度直方图

图 5-16　均衡化后效果图

5.3.3　增强图像对比度

在 HALCON 中也可以直接调用 emphasize()算子增强煤堆图像中激光轮廓线和煤堆之间对比度，使得激光轮廓线更加清晰易提取。此算法具体步骤为：采用图像中每一点的原始像素减去该点所在区域中所有像素的平均值，使得此值等于新的像素值 res，接下来进行取整算法处理，最终将取整后的值加上此点原始的像素值代替该点原始值。从而放大点与点之间像素值的差异，起到增强对比度的效果。其效果如图 5-17 所示。

由图 5-17 可以看出，采用 emphasize()算子增加图像对比度后，激光线变得更亮和煤堆变得更暗，但有些煤块颗粒和明亮的无效区域因反光作用也变得更

图 5-17　增强对比度后效果图

亮,从而影响整体图像的对比度。因此这种算法不适合用于本实验中图像增强。

综上所述,分段灰度变换的方法来增强图像中激光线与背景区域的对比度效果最佳。

5.4　激光条纹区域分割

图像分割是目标识别和机器视觉的基础,其一般被定义为将数字图像 $f(x,y)$ 细分为连续的、断开的、非空的子集 $f_1,f_2,f_3,\cdots,f_n$。实际测量过程中为提高激光中心线的提取精度和效率,需要分割出包含激光中心线的有效区域,从而减少处理无用信息造成的时间浪费;但这个有效区域也不能太小,否则会造成一些有效信息的丢失。因此在提取激光条纹中心线之前分割出合理的有效区域是十分关键的。其中边缘检测和阈值分割法是有效区域分割的两个关键步骤。

5.4.1　边缘检测

图像边缘能够表征很多信息,是识别图像的重要属性。传统的图像边缘检测方法会使边缘的一些信息将会丢失,效果不是很理想。John Canny 提出了一种新的边缘检测算子,该算子具有比较大的信噪比和非常高的测量精度。目前,它被认为是最理想的边缘检测方法,并被广泛使用于图像的边缘检测过程。其具体的处理过程如下:

① 通过一维 Gauss 函数对原始图像进行图像平滑。其中一维高斯滤波器 $G(x)$ 和平滑图像 $I(x,y)$ 可由式(5-15)和(5-16)分别表示:

$$G(x)=\frac{\exp(-x^2/2\sigma^2)}{2\pi\sigma^2} \tag{5-15}$$

$$I(x,y)=[G(x)G(y)]*f(x,y) \tag{5-16}$$

式中，σ 是高斯的标准偏差，用于控制平滑度。

② 计算一阶偏导数的有限差分，并获得振幅 W 和梯度方向 θ，其具体表达如式(5-18)和式(5-19)所示：

$$\begin{cases} P_x[i,j]=(I[i+1,j]-I[i,j]-I[i+1,j+1]-I[i,j+1])/2 \\ P_y[i,j]=(I[i+1,j]-I[i,j]-I[i+1,j+1]-I[i,j+1])/2 \end{cases} \tag{5-17}$$

$$W[i,j]=\sqrt{P_x[i,j]^2+P_y[i,j]^2} \tag{5-18}$$

$$\theta[i,j]=\arctan\left(\frac{P_x[i,j]}{P_y[i,j]}\right) \tag{5-19}$$

③ 进行非极大值抑制。沿图像梯度方向扫描图像，获取图像中所有较大的灰度值，但由于某些灰度极大值所在区域并不是图像的边缘，因此将这些非边缘区域内的极大值设为 0，从而实现无用点的剔除。

④ 通过设置高低阈值进行边缘选择。最终获取的边缘可能存在断裂等问题，通过设置高、低阈值进行选择，将梯度值小于低阈值的点称作图像的假边缘，进行删除处理，反之视为真边缘，将其保留。

此算法在 HALCON 中主要是采用 edges_sub_pix()算子进行完成，将此算子中 Filter 参数设为边缘检测的函数 Canny，经过此算子处理，最终可得图像边缘效果如图 5-18 所示。

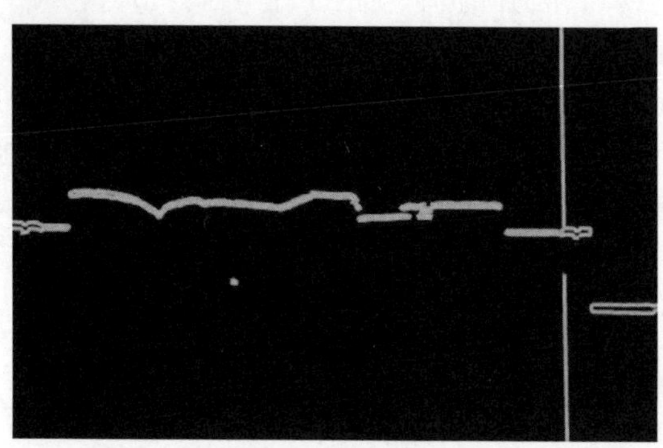

图 5-18　Canny 算子进行像素边缘检测图像

由图 5-18 可以看出，采用 Canny 边缘检测方法获取的煤堆上激光线轮廓边缘较为清晰，激光线与黑暗的煤堆呈现出高的对比度，因此本章采用 Canny 算子提取激光线的边缘，为阈值分割做准备。

5.4.2　阈值分割法

图像分割算法作为图像分割系统的主体，决定着图像分割的结果。其主要是图像像素灰度值的等级进行分割，首先将图像的灰度级进行统计，然后将统计获取的灰度值划分等级，最终通过设定阈值将图像中有效区域进行边界划分。对于煤矿井下采集到只有暗的煤堆和亮的激光线的灰度图像，阈值的选择会影响图像的处理效率。

由于图像前景和背景之间的差异很明显，即图像的灰度值两极分布，此时可以按照二值化分割方法进行图像阈值分割，将目标区域从图像中分割出来，具体表达式如(5-20)所示。

$$g(x)=\begin{cases}255 & f(x,y)\geqslant T\\ 0 & f(x,y)<T\end{cases} \tag{5-20}$$

式中，$g(x)$ 为阈值分割后的图像。煤堆图像通过阈值 T 分为两部分，黑色煤堆成为物体背景部分，亮度高的激光线成为物体部分，具体如图 5-19 所示。

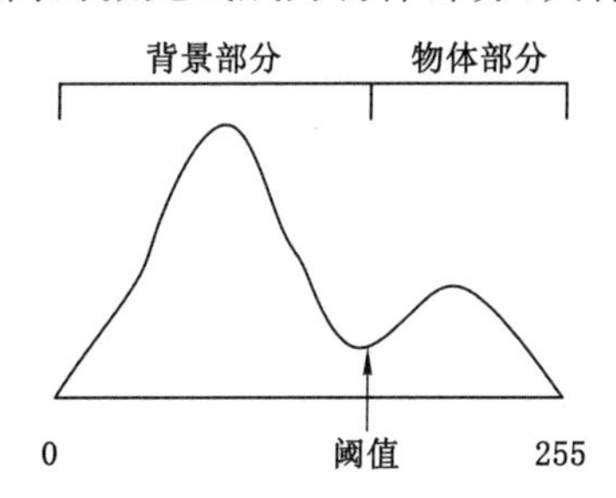

图 5-19　灰度直方图二值化阈值效果

此类阈值分割方法比较简单、容易操作。因为阈值 T 仅依赖于 $f(x,y)$（换句话说，仅取决于灰度值）和阈值 T 仅与像素的特性有关。为此，本章采用 threshold( ) 算子进行阈值分割，将背景与目标分离，效果如图 5-20 所示。

由图 5-20 可知，图像中较暗的煤块与较亮的激光线轮廓已经完全分离，但是由于光照等因素的影响，使得分离后的目标区域中夹杂着一些无用的背景信息，为去除这些无效的信息，本章首先使用 connection() 算子将一幅图像分割成一组任意的、不相连的区域，然后打开 HALCON 中的特征直方图的可视界面，基于区域横纵坐标、进行面积大小等因素的选择，剔除无效背景，仅留下激光线所在的有效区域。最后通过 Union1() 算子合并这些不连通的区域，最终有效区域选择效果如图 5-21 所示。

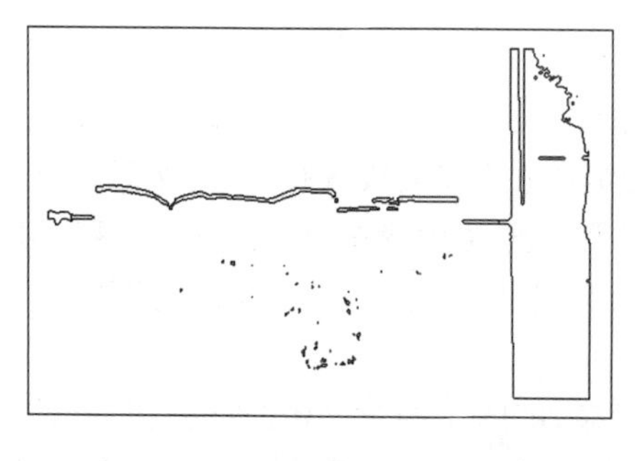

图 5-20　阈值分割

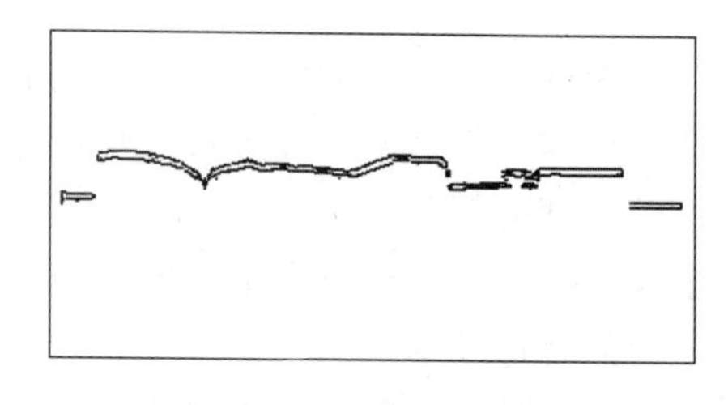

图 5-21　区域选取

5.5　激光条纹中心线提取

通过亚像素级别的激光条纹中心线提取,可以测得煤堆截面轮廓,条纹中心线识别提取的精度越高,胶带机过煤量的测量就越准确。为了实现高精度的煤堆截面轮廓测量,需要精确、快速地提取激光条纹中心线。本章主要介绍常用的三种方法,并对不同方法的结果进行比较。

5.5.1　灰度重心法

从数学角度来阐述灰度重心法,将图像中激光条纹所有点的灰度值按照横坐标或者纵坐标进行遍历拟合处理,每行或者每列得到的新的像素值作为激光条纹中心线。则激光条纹中心线上每点的中心点坐标公式如下:

$$\begin{cases} \bar{u} = \sum\limits_{(u,v)\in\Omega} u \cdot f(u,v) / \sum\limits_{(u,v)\in\Omega} f(u,v) \\ \bar{v} = \sum\limits_{(u,v)\in\Omega} v \cdot f(u,v) / \sum\limits_{(u,v)\in\Omega} f(u,v) \end{cases} \tag{5-21}$$

式中,Ω 是前景集合,$(\bar{u},\bar{v})$ 为中心坐标。基于此方法进行中心线的提取,其效果如图 5-22 所示。

由图 5-22 可知,当激光条纹所照射的物体存在较大坡度时,会出现较为明显的间断现象,其断裂比较难消除,并且此算法对于噪声也比较敏感。因此,此方法不适用于煤矿井环境下激光条纹中心线的提取。

5.5.2　Hessian 矩阵法

Hessian 矩阵法通过利用矩阵换算的方法来求取激光条纹的法向量,然后用泰勒级数展开光条图像的灰度分布函数求取灰度极大值,从而得到激光条纹的精确中心坐标。噪声会对图像和推导过程造成一定的影响,但高斯函数可以

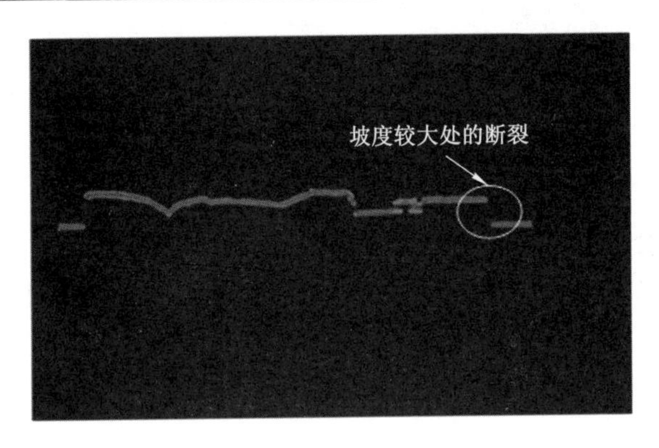

图 5-22　灰度重心法提取中心线结果

在不影响函数特性的情况下通过卷积运算进行去噪。

$$r(x,y,\sigma)=g(x,y,\sigma)*f(x,y) \tag{5-22}$$

$$r'(x,y,\sigma)=g'(x,y,\sigma)*f(x,y) \tag{5-23}$$

$$r''(x,y,\sigma)=g''(x,y,\sigma)*f(x,y) \tag{5-24}$$

常用的灰色极大值为 $r'(x,y,\sigma)$，但实际图像中最大输出可能有噪声，因此需要计算 $r''(x,y,\sigma)\ll 0$ 或 $r''(x,y,\sigma)\gg 0$。我们计算 $r(x,y,\sigma)$ 的偏导数，得到 r_x，r_y，r_{xx}，r_{xy}，r_{yy}，因此 Hessian 矩阵可以表示为如式(5-25)所示：

$$H(x,y)=\begin{bmatrix} r_{xx} & r_{xy} \\ r_{xy} & r_{yy} \end{bmatrix} \tag{5-25}$$

另外，如果最大特征值对应的点 (x,y) 的特征向量为 (n_x,n_y)，用泰勒级数展开光条图像的灰度分布函数。通常，灰度极大值是 $r'(tn_x,tn_y)=0$ 和 $r'(tn_x,tn_y)\gg 0$。

$$r(tn_x,tn_y)=r(x,y)+(tn_x,tn_y)\begin{bmatrix} r_x \\ r_y \end{bmatrix}+\frac{1}{2}(tn_x,tn_y)\begin{bmatrix} r_{xx} & r_{xy} \\ r_{xy} & r_{yy} \end{bmatrix}\begin{bmatrix} tn_x \\ tn_y \end{bmatrix} \tag{5-26}$$

其中 t 由公式(5-27)计算可得：

$$t=\frac{n_x r_x + n_y r_y}{n_x^2 r_{xx} + 2n_x n_y r_{xy} + n_y^2 r_{yy}} \tag{5-27}$$

因此，光带 (x',y') 的中心坐标表示为：

$$x' = x + tn_x \tag{5-28}$$

$$y' = y + tn_y \tag{5-29}$$

基于 Hessian 矩阵法提取中心线效果如图 5-23 所示。

由图(5-23)可知，基于 Hessian 矩阵法提取激光条纹中心线虽然已经拟合

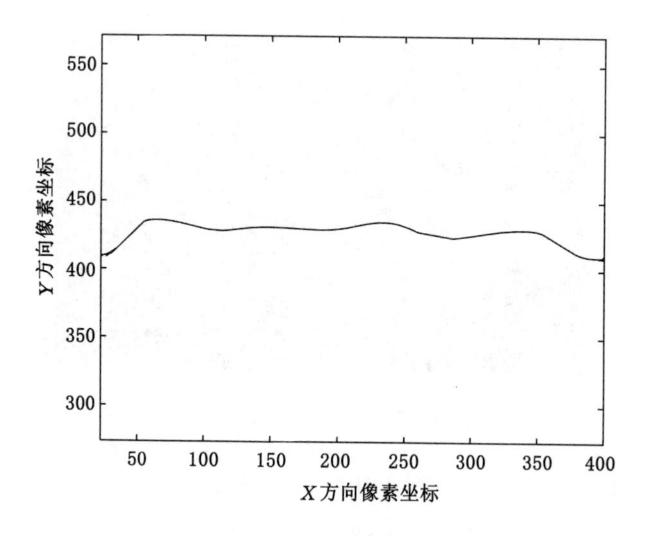

图 5-23 Hessian 矩阵法提取中心线结果

了由于环境等因素造成的断裂现象，但是却在一定程度上忽略了激光中心线的一些细节，并且 Hessian 矩阵运算量较大，对于精度高的实时测量场合不能满足要求。

5.5.3 区域骨架法

图像中所描述的“骨架”指的是支撑着整幅图像能够有明显几何形状和拓扑结构的桥梁。因此，通过获取激光条纹骨架的形状，就可以获取图像中激光中心线的走向，所以，完整的骨架提取是进行中心线提取的关键步骤，也是保证中心线提取完全和提高测量精度的前提。采用 HALCON 中已有的骨架提取算子 skeleton()可以省时简单进行骨架的提取。具体流程为：首先采用 skeleton()算子进行有效区域内激光线轮廓的计算，然后利用 junctions_skeleton()算子进行骨骼中关节点的剔除，最终通过 gen_region_line()算子拟合处骨骼区域中每一小段的直线。其骨架提取最终效果如图 5-24 所示。

观察图 5-24 可知，由于测量煤块的大小、形状不同，表面并非光滑平整，容易造成遮挡，导致打在煤堆上的激光线会产生不同程度的断裂，使得提取的中心线为断裂区域骨架的中心线，而不是完整骨架的中心线，但是此算法提取的中心线不但没有改变其原有的激光线形状，并且细节保留完整。

综上所述，每一种激光条纹中心线的提取算法各有利弊，考察每种算法的提取速度、提取精度、复杂度、方向性、断裂处拟合效果和中心线形状改变大小等特点，对其不同算法进行总结对比，如表 5-2 所示。

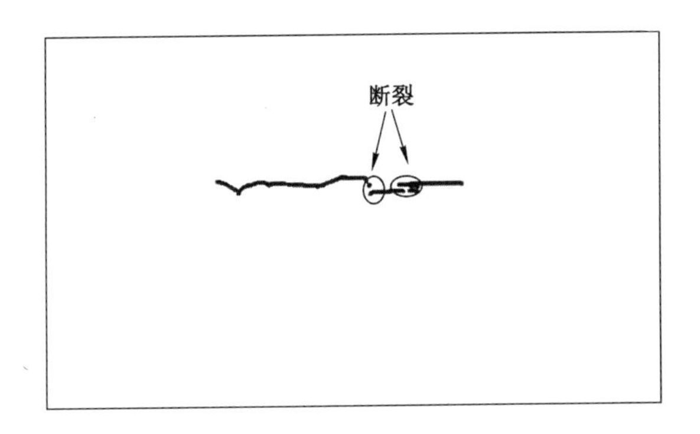

图 5-24　区域骨架提取中心线结果

表 5-2　中心线提取算法对比

提取方法	提取速度	提取精度	复杂度	方向性	拟合效果	形状改变
灰度重心	较快	亚像素	较复杂	差	一般	小
Hessian 矩阵	慢	亚像素	较复杂	好	好	大
基于骨架	快	亚像素	简单	好	一般	小

从表 5-2 可以看出，灰度重心法和 Hessian 矩阵法提取条纹中心线都比较复杂，并且灰度重心法的方向性和断点拟合效果都比较差；Hessian 矩阵法由于复杂度的影响，导致中心线提取的效率较低，且会丢失部分激光线的细节；而基于骨架提取激光中心线精度和效率都比较高，且算法较为简单。因此，基于骨架区域提取中心线算法更适合于本书研究的煤流量在线测量。

5.6　激光条纹断点修补技术

基于骨架提取算法的不足之处在于：因为环境和物体自身特征等因素，使得投射在煤堆上的激光线不可避免地发生断裂，不同的影响程度造成不同程度的断裂特征。例如，当激光条纹照射的煤堆块之间的起伏程度比较小的时候，会导致激光线出现阶跃点；当激光条纹照射的煤堆块之间的起伏程度比较大的时候，激光线的断裂比较严重，即出现激光线的跳动现象，即跳动点，具体表现如图 5-25所示。

为了提高测量的精度，需要进行条纹的断线修补，本章主要介绍了以下两种激光条纹断线的修补方法：三次样条插值法和形态学处理法。

5.6.1　三次样条插值

通过三次样条插值法对非连续的激光条纹中心进行补偿，使误差最小，能够

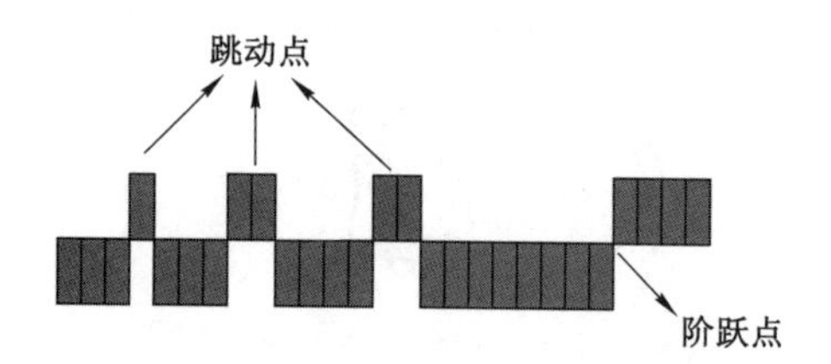

图 5-25　噪声产生不连续的特征

得到具有亚像素精度的完整激光条纹中心。其具体原理如下所示：

设在区间$[a,b]$上划分了 $n+1$ 个点，在点 x_i 处的函数值为 $y_i = f(x_i)$（$i = 0,1,\cdots,n$）。若函数 $S(x)$ 满足以下条件：

A：在任意一个小区间 $[x_{i-1},x_i]$（$i = 0,1,\cdots,n$）上，$S(x)$ 是多项式。

B：$S(x_i)= y_i$（$i = 0,1,\cdots,n$）

C：在区间上 $S''(x)$ 不间断

从而获得三次样条插值函数 $S(x)$，可知 $S(x)$有 $4n$ 个待定参数，由 C 可得 $3n-3$ 个方程，如公式(5-30)所示：

$$\begin{cases} S_-(x_i)= S_+(x_i) \\ S'_-(x_i)= S'_+(x_i), i = 0,1,\cdots,n-1 \\ S''_-(x_i)= S''_+(x_i) \end{cases} \tag{5-30}$$

合并 A 和 B 两个条件，可以获得 $4n-2$ 个方程，再加上边界条件或端点条件就能确定 $4n$ 个待定参数。

根据不同的边界条件确定 M_i 的值有不同的方程组，三类边界条件的三弯矩方程组分别如公式(5-31)、式(5-32)和式(5-33)所示：

$$\begin{bmatrix} 2 & \lambda_1 & & & \\ \mu_2 & 2 & \lambda_2 & & \\ & \ddots & \ddots & \ddots & \\ & & \mu_{n-2} & 2 & \lambda_{n-2} \\ & & & \mu_{n-1} & 2 \end{bmatrix} \begin{bmatrix} M_1 \\ M_2 \\ \vdots \\ M_{n-2} \\ M_{n-1} \end{bmatrix} = \begin{bmatrix} d_1 - \mu_1 M_0 \\ d_2 \\ \vdots \\ d_{n-2} \\ d_{n-1} - \lambda_{n-2} M_n \end{bmatrix} \tag{5-31}$$

$$\begin{bmatrix} 2 & 1 & & & & \\ \mu_1 & 2 & \lambda_1 & & & \\ & \mu_2 & 2 & \lambda_2 & & \\ & & \ddots & \ddots & \ddots & \\ & & & \mu_{n-1} & 2 & \lambda_{n-1} \\ & & & & 1 & 2 \end{bmatrix} \begin{bmatrix} M_0 \\ M_1 \\ M_2 \\ \vdots \\ M_{n-1} \\ M_n \end{bmatrix} = \begin{bmatrix} d_0 \\ d_1 \\ d_2 \\ \vdots \\ d_{n-1} \\ d_n \end{bmatrix} \tag{5-32}$$

$$
\begin{bmatrix} 2 & \lambda_1 & & & \mu_1 \\ \mu_2 & 2 & \lambda_2 & & \\ & \ddots & \ddots & \ddots & \\ & & \mu_{n-1} & 2 & \lambda_{n-1} \\ \lambda_n & & & \mu_n & 2 \end{bmatrix} \begin{bmatrix} M_1 \\ M_2 \\ \vdots \\ M_{n-1} \\ M_n \end{bmatrix} = \begin{bmatrix} d_1 \\ d_2 \\ \vdots \\ d_{n-1} \\ d_n \end{bmatrix} \tag{5-33}
$$

根据方程组分别求取 M_i，并将其带入求相机的插值函数，通过插值函数以及插值节点实现断裂激光线的连接，使测量的三维轮廓完整，效果如图 5-26 所示。

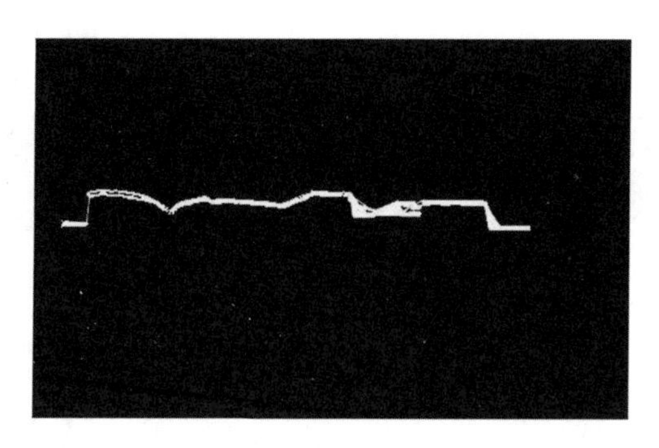

图 5-26　三次样条插值连接中心线结果

观察图 5-26 可知，虽然三次样条插值连接中心线能够将各段断裂曲线连接起来，但其断点的连接处的曲线并不光滑，对三维形貌的测量精度还是有一定的影响。

5.6.2　形态学处理

数学形态学是一种通过数学操作进而修改物体的形状或者结构，其常用的方法有如下几种。

腐蚀操作是使得图像中一些影响后续处理的细小的毛边或者毛刺进行消除或者减弱的过程，实质是将图像的边界向内部进行收缩的过程，但边界向内部收缩的受结构元的尺寸、形状和位置的影响。腐蚀操作的数学表达形式为：

$$
A \Theta B = \{x : B + x \subset A\} \tag{5-34}
$$

A、B 分别为输入图像和结构元。其腐蚀的具体过程如图 5-27 所示。

膨胀操作能够使所操作的对象变大或者变粗，其粗化的宽度由所用的结构元尺寸控制，该操作常用于填充对象中的孔和狭窄的间隙，其膨胀的具体过程如图 5-28 所示。A 被 B 膨胀操作的数学表达式如式(5-35)所示：

$$
A \oplus B = [A^C \Theta (-B)]^C \tag{5-35}
$$

开运算是先腐蚀后膨胀的操作，其最终作用的效果类似于单独进行腐蚀操

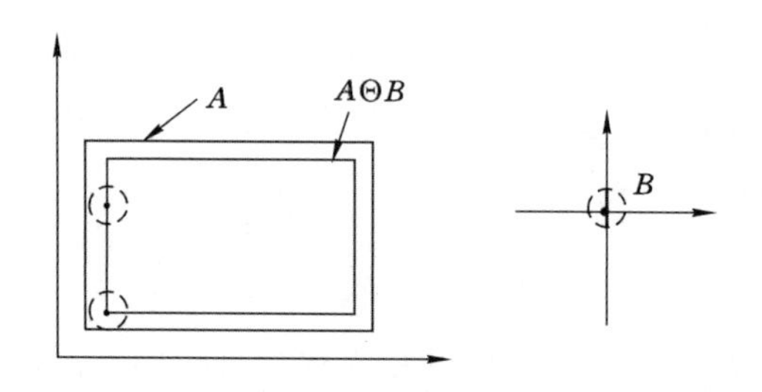

图 5-27　腐蚀原理

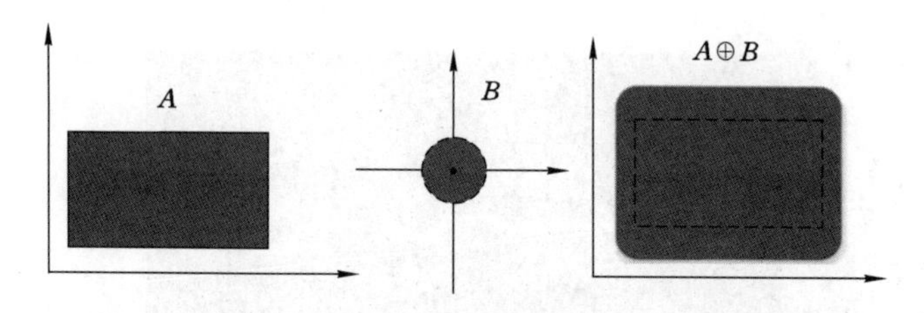

图 5-28　膨胀原理

作，能够削弱或者剔除图像中边界处的细小毛刺。但和仅进行腐蚀操作也不完全相同，开运算能够在消除边界毛刺之前能够连接一些图像中的细小空洞，使得整个图像更加平整光滑，打开操作的具体过程如式(5-36)所示：

$$A^{\circ}B = (A\Theta B)\oplus B \tag{5-36}$$

图像 A 被结构元 B 进行打开操作的具体流程如图 5-29 所示。

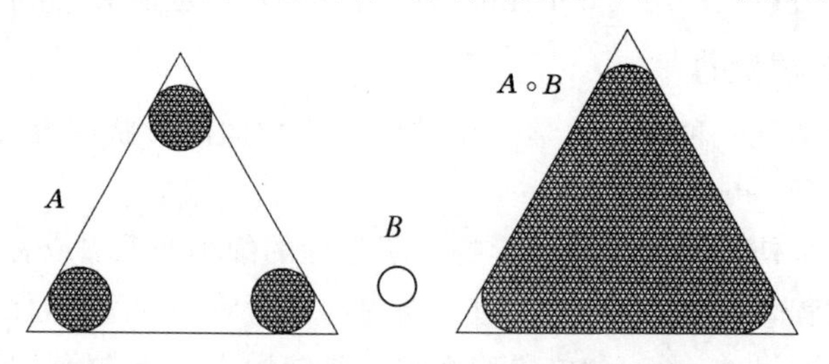

图 5-29　开运算原理

闭运算作具体的处理可以概括为膨胀后的腐蚀操作，但最终的结果却和只进行膨胀操作的效果一样，均使得图像变大或者变粗了，但是也不完全相同，闭运算能够填充一些偏细和偏窄的断裂，而操作后总的位置和形状不变。通过 B 对 A 进行操作如式(5-37)所示：

$$A \cdot B = [A \oplus (-B)\Theta(-B)] \tag{5-37}$$

将图像 A 被结构元 B 进行关闭操作的具体流程如图 5-30 所示。

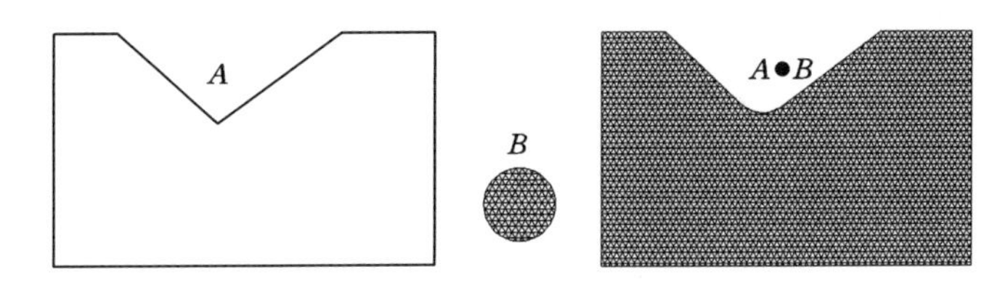

图 5-30　闭运算原理

针对区域骨架方法提取到的中心线中存在孤立点和断裂现象，为提取到一条完整且光滑的中心线，需要在中心线提取之前对激光线所在有效区域的骨架进行断点连接处理，通过形态学中的膨胀操作可以完成骨架的修复。因此，本章首先采用 dilation_circle()算子进行膨胀处理，其膨胀操作中的结构元半径根据经验值选设为 3.5；然后将膨胀后的图像通过 Skeleton()算子拟合出该区域的完整骨架，其完整的骨架轮廓效果如图 5-31 所示。

观察图 5-31 可以看出，激光线中所有的断点被连接，最终拟合出比原激光线区域稍宽的光滑的骨架区域，但是不改变激光线的轮廓形状和细节。最后采用 gen_contours_skeleton_xld()算子生成骨架轮廓中心线，即激光中心线，效果如图 5-32 所示。

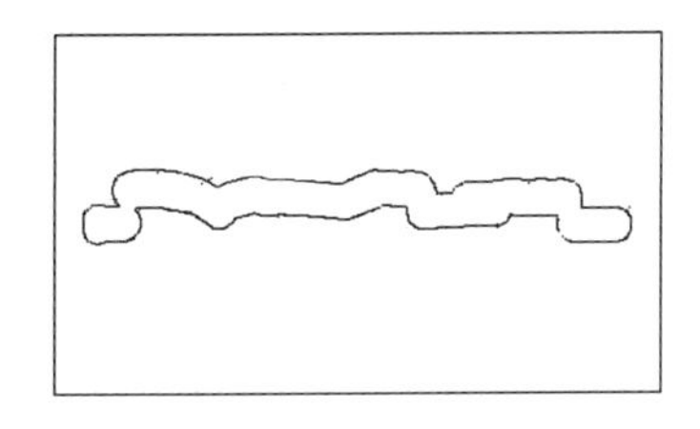

图 5-31　通过形态学合并划痕

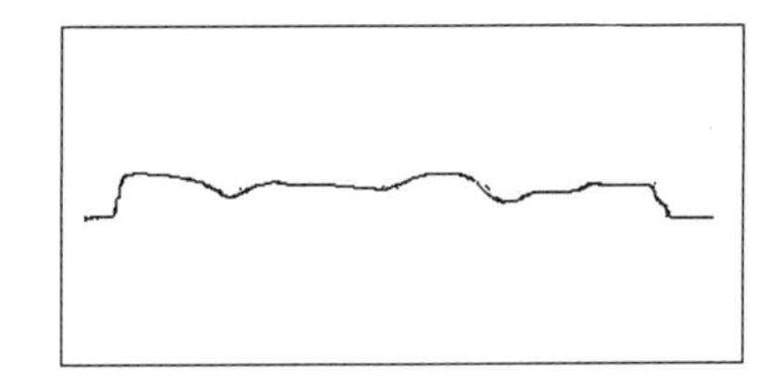

图 5-32　中心线

观察图 5-32 可以看出，采用基于形态学处理的算法很好地拟合了激光中心线的断裂，且不改变激光条纹的形状，兼顾了测量精度。综上所述，本章采用形态学断点连接技术来进行中心线区域骨架的断裂连接，最终提取到的中心线的效果最好。

第6章　煤流量激光三角投影测量实验

6.1　系统功能与软件界面设计

测量系统人机交互软件设计的主要目的是实现相机、激光器、液压支架和上位机之间的快速稳定通信，提高煤流参数的测量效率。本章实验借助 VS2010 中的 MFC 模块进行开发人机交互界面，其中 MFC 内已经封装了 Windows API、内置控件和类，能够很大程度上减少应用程序开发人员的工作量。

人机交互界面设计有几个标准：顺序性、功能性、重要性、面向对象、一致性和概括性等。基于上述的设标准则，人机交互界面设计流程如图 6-1 所示。根据实验需求和煤矿井这样恶劣的实际工况条件，设计出有针对性的人机交互界面，此界面其主要包括用图像采集窗口、图像处理窗口、显示测量数据窗口，具体软件功能界面如图 6-2 所示。

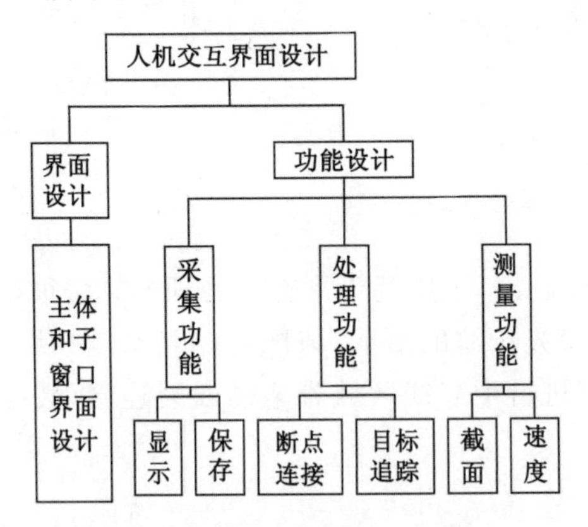

图 6-1　人机交互界面设计流程图

其中图像采集窗口显示当前时刻下运输机上煤流激光线轮廓，并且可以勾选实时保存按钮，将相机基于设定帧率下采集到的每一帧图像保存在计算机的预设文件夹下，每帧图像以当前时刻的时间命名，精确到秒，以便接下来的统计

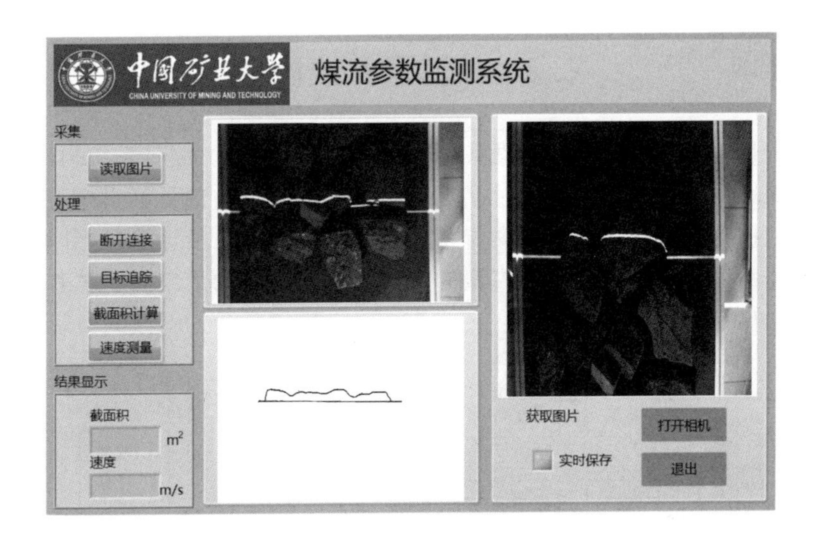

图 6-2　煤流监测系统人机交互界面

与测量实验。图像处理功能主要是基于实时保存文件夹下的图像进行处理，其中断点连接按钮主要是针对截面积测量时，由于环境和煤块自身特征等因素的影响，导致中心线提取出现断裂现象，为快速地测量每一帧激光线下的煤堆轮廓截面积，采用预设的基于形态学处理的断点连接技术融合断点，获取完整的激光轮廓中心线，点击测量按钮将功能中的截面积测量按钮，获取每帧煤堆轮廓下的截面积，并将获得的每帧截面积数据进行记录、保存。而图像处理功能中的目标追踪按钮则是针对速度测量功能，同样通过读取实时保存文件夹下预备的速度测量图片，基于预先提取的煤块的形状模板进行追踪匹配，获取匹配前后两帧图像间模板的中心移动距离，记录两帧图像间的时间差，点击测量按钮将功能中的速度测量，计算出胶带输送机上煤流的实时运行速度。

在图像处理窗口中的功能中，分别将利用 HALCON 进行实时图像采集和煤流参数测量的程序以 C＋＋格式导出。在 VS 2010 中配置 HALCON 的编程环境，其主要是将 HALCON 安装程序下 include 文件和 halconcpp 文件的完整安装路径，添加在以基于对话框的新建的 MFC 工程中的 VC＋＋目录一包含目录中；在库目录中将 HALCON 安装程序下 lib 文件夹的完整路径导入；在 MFC 工程的附加依赖项和头文件，完成环境的配置。且将从 HALCON 中导出的封装好的不同模块的 C＋＋程序代码嵌入 MFC 下的不同按钮中。最终通过调试、修改，使得每个功能下的代码都能够正常运行，从而完成人机交互界面的设计和开发。

6.2 煤流量参数计算

煤流量参数测量过程的数据采集流向如图 6-3 所示。测量系统通过视觉方法获取煤堆的截面轮廓以及通过基于形状模板匹配的方法计算出煤流的速度，然后从数据传输模块将测得的煤流轮廓与速度参数传输给计算机，计算机基于上述的体积测量模型进行三维模型的重构并获取煤堆的最终测量体积；最后进行数据的保存和调用等操作。

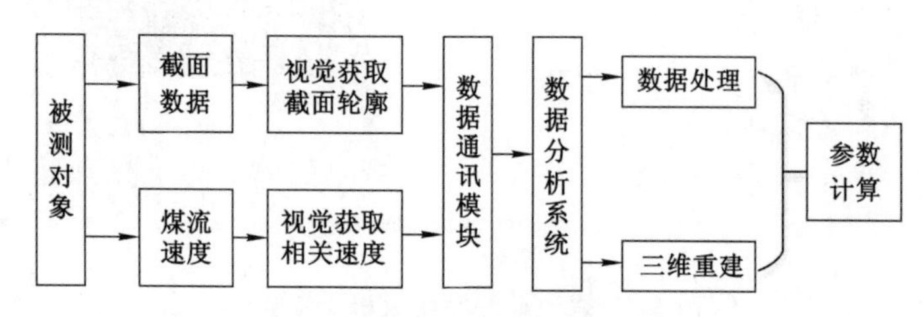

图 6-3　数据采集及流向图

基于激光三角法测量煤流体积，首先根据相机标定获取的内外参数将激光中心线轮廓的像素坐标转化为实际的物理高度。然后根据黎曼和方法求取一帧图像中不规则横截面的截面积，最后计算胶带机以带速 $v(t)$ 水平运动 t 时内的截面积。其流程图如 6-4 示。

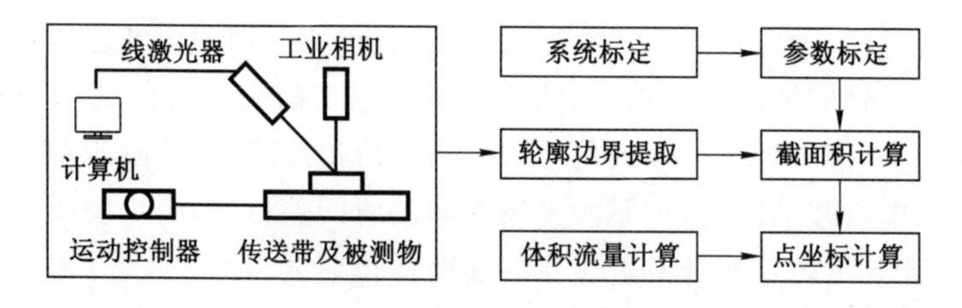

图 6-4　体积测量流程图

具体步骤如下：首先把结构光打在没有物体的地面上时会有一条直线，通过处理获取其中心线并将其当作基准线，在同一环境和不同时间下在基准位置放置煤样，通过结构光可以得到煤堆的轮廓，最终将基准的中心线和不同桢下带有煤堆的中心线进行提取，并同时显示在一张界面上，构成封闭图形，如图 6-5 示。然后对每一个封闭图形通过 distance_pr()算子计算出轮廓上每一点到基准线上的最小距离即为轮廓线投影的高度 $f(x_j)$，最后通过黎曼和运算将每点的高度累加可以得到煤堆轮廓面的表面积。

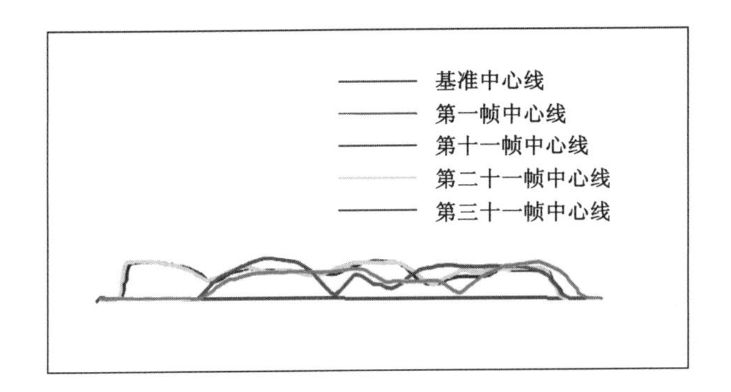

图 6-5　最终轮廓线

基于此算法在模拟环境中对胶带机上堆放不同数量的煤堆分别进行三维形貌的重构，结果如图 6-6 所示。

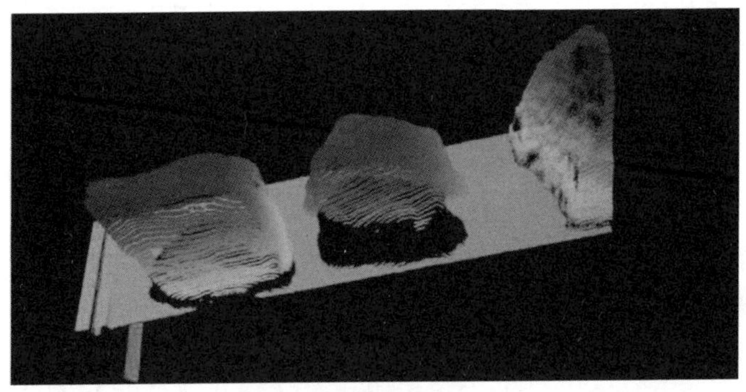

(a) 重建效果1

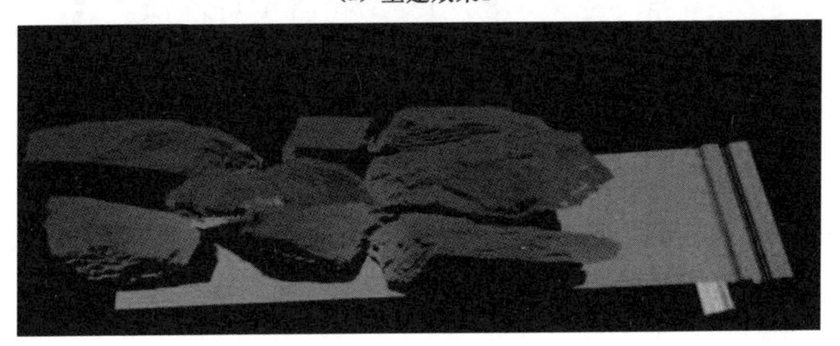

(b) 重建效果2

图 6-6　煤流轮廓三维重建

由图 6-6 可以看出，胶带机上煤堆的三维重建结果和煤块颗粒大小、煤块颗粒的梯度以及煤块间的间隙有关，若煤块的梯度较大或者煤块颗粒间的间隙较大，其重建的三维轮廓无法形成无断裂的煤堆形状包络线。

但具体实验过程中，在短时间内，煤炭在运输的过程中其煤堆轮廓形状变化不大，所以采用等间隔采样的方法测量胶带机上的煤流量，其间隔为10帧。通过图像处理算法求取胶带机运转过程中采集每一帧煤堆图像的轮廓截面积，表6-1为90副煤堆图像进行间隔采样后得到的轮廓截面积。且提前获取坐标转换系数 $K=0.052\,305\,6$，激光器角度 $\alpha=66.5°$。

表6-1　间隔采样截面积测量结果

第 n 帧	投影像素面积/像素	截面像素面积 $S(i)$/像素	截面积 $S(n)/\mathrm{m}^2$
10	74 901.9	204.93	0.05
20	91 924.7	251.50	0.06
30	99 415.4	272.00	0.07
40	93 904.9	256.92	0.07
50	94 107.1	257.47	0.07
60	93 904.9	256.92	0.07
70	94 256.4	257.88	0.07
80	93 004.9	254.45	0.06
90	92 112.6	252.01	0.06

已知，采样帧率为一秒两幅，即 $f=0.5$，胶带机匀速运行，设定速度为 $v=1.5$ m/s。而在此实况中煤流速度基于目标追踪法测得结果为 $v=1.37$ m/s。最终，可得煤流量为：

$$V=\frac{1}{0.5}\times 5.8\times 1.37=13.7\ (\mathrm{m^3/s})$$

6.3　测量误差分析

基于激光三角法测量煤流量和基于目标追踪法测量煤流场速度的过程都十分复杂，每个参数测量算法中都包括多个流程，且每个流程均会造成相应的误差，从而影响其测量精度。为尽可能地提高测量精度，接下来从系统误差、计算误差和采样误差三个方面进行分析。

6.3.1　系统误差

根据煤堆体积测量模型可知，通过激光三角法原理求取激光线投射到煤堆表面上每点高度投影的像素距离，再将每点距离通过激光器的夹角(即发射点到此点连线与平面法线组成的角)转换为激光线上每点高度的像素距离，然后通过坐标转换系数获得激光线上每点高度的物理距离，最终通过积分法求取每一帧图像上激光线下煤堆的截面积。但在实际测量过程中，激光发射点到激光线上每点连线与平面法线组成的角不同，而由于条件的限制，无法测得激光线上每点与平面法线间的夹角，为简化实验的复杂度，选择激光线的中心点与激光器发射处连线，并使用角度传感器测得其与法线间的夹角代替激光线上所有点的夹角，从而会因实验系统的原因导致测量误差。为验证此误差对实验精度的影响，在视场固定的情况下(胶带机高 50 cm，激光器角度为 21.5°)将一高度为 15 cm 的标准件放置在激光线照射的不同位置，采集不同位置下的激光线状态图，如图 6-7所示。

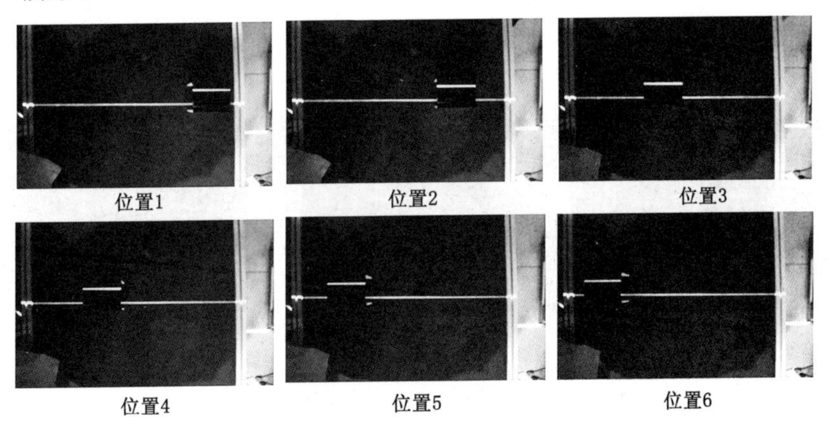

图 6-7 不同位置下激光线状态

基于激光三角测距原理，通过 HALCON 中算法分别测量其不同位置下标准试件高度投影的像素距离；根据激光器的夹角和坐标系转换系数获取标件在不同位置下高度像素距离和物理距离；最后计算出不同位置的测量高度和真实高度间的相对误差，具体结果如表 6-2 所示。

表 6-2 不同位置下测量结果

位置编号	1	2	3	4	5	6
高度投影/像素	102	101.5	101.8	101.3	102	101
测量高度/像素	256.9	257.7	256.4	257.2	256.95	256.44
测量物理高度/cm	15.057	14.983	15.027	14.954	15.057	14.909
真实高度/cm	15	15	15	15	15	15
相对误差/%	0.38	0.11	0.18	0.18	0.31	0.60

分析表 6-2 可知，同一高度的标准件处于激光线下的不同位置，其测量高度和真实高度的相对误差小于 1%，因此，此误差可以忽略。所以，采用激光线的中心点与激光器发射处连线与法线间的夹角，代替激光线上每点连线与法线间不同夹角这一做法可行。

6.3.2 计算误差

体积和速度的测量算法并不是完全精确、不存在误差的。为此本章进行了算法误差验证性实验，在测量胶带机上煤流量之前，利用此算法，对三个不同形状标准件的截面积进行测量，并与标准件的真实截面积相比。其中，标准试件 1 为上边长 10 cm、下边长 33.5 cm、高 15 cm 的梯形；标准试件 2 为长 20 cm、高 15 cm 的矩形；标准试件 3 为底边长 24.5 cm、高 15 cm 的三角形，不同形状下激光线的状态如图 6-8 所示。

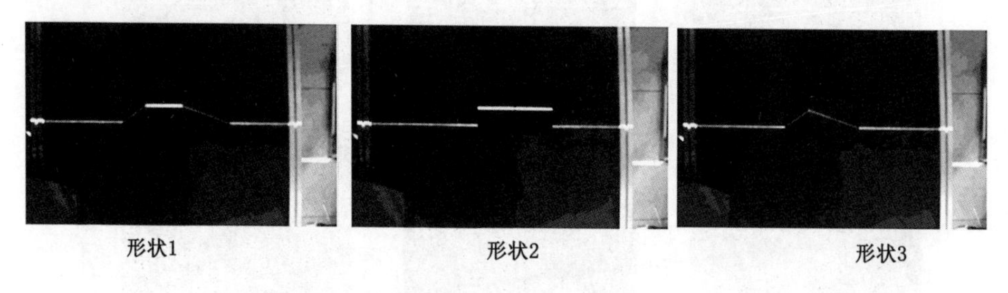

图 6-8 不同形状标件的激光线状态

基于上述截面积测量算法测得不同形状下标准件在激光线下的截面积，然后分别计算三个不同标准件的真实截面积，并将真实截面积与测量的截面积进行对比，并求出两者间的相对误差，其具体结果如表 6-3 所示。

表 6-3 不同标件截面积测量结果

标准件	真实截面积/cm^2	投影截面积/像素	高度截面积/像素	测量截面积/cm^2	相对误差/%
1	326.25	39 243.7	99 625.9	336.8	3.26
2	300	34 214.2	86 857.78	293.6	2.12
3	183.75	20 723	52 606.38	177.9	3.21

通过分析表 6-3 可得，本章中体积测量算法的相对误差在 4%以内，满足煤流参数测量精度的要求。

6.3.3 采样误差

在煤矿井这样恶劣的环境下进行机器视觉测量，无法避免空气中的煤尘凝结到镜头表面，覆盖视觉测量系统的镜头，导致拍摄出的图像质量下降，影响机器视觉系统的智能监测，严重时会导致胶带运输系统不能正常工作，使得井下采掘作业陷入停滞状态。另外，视觉系统在密闭的防爆箱体中进行工作，而箱体中的粉尘、有害气体等排出不及时会发生爆炸。从而会导致采集的图像中激光线出现不完整或者断裂，严重时甚至会采集不到激光线或无法识别煤块颗粒的形状，从而会造成因采样效果较差影响参数的测量精度。

6.4　提高测量精度措施

为了解决实际工况下因采样误差带来的精度影响问题，在现有视觉系统的基础上，通过在防爆箱体上增添镜头视窗的清洁装置，设计了一种煤矿视觉系统进行揭膜自清洁的摄像装置，其主要结构如图 6-9 所示，其满足矿用产品的防爆性能，从而增强视觉测量系统在煤矿井环境下的可靠性和有效性，降低因采集图像不清晰而产生的采样误差。

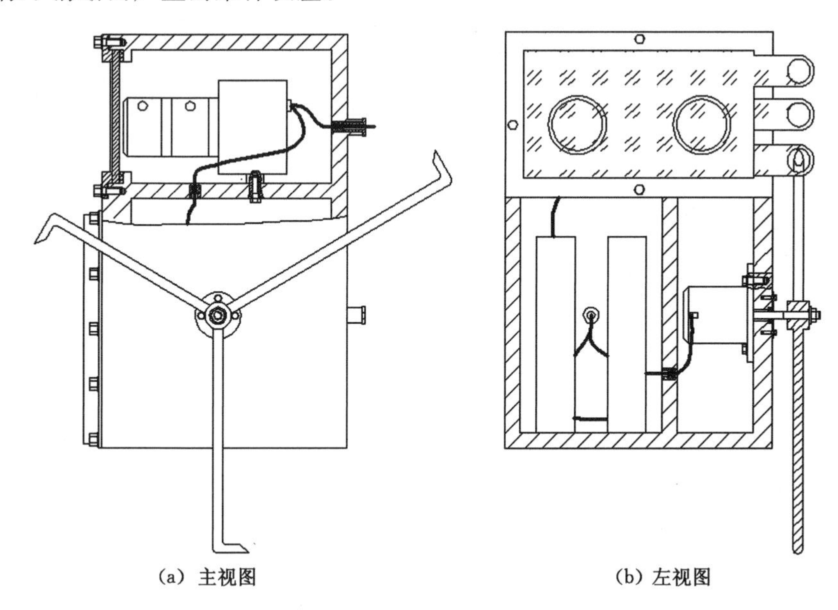

(a) 主视图　　(b) 左视图

图 6-9　揭膜自清洁摄像装置

此视觉测量装置主要由一个防爆箱体组成，其中，防爆箱体内部又分为两部分，一部分用来安装视觉系统的采集装置和激光器，并在相机镜头正对的位置开孔，填放满足防爆性能的玻璃；箱体内的另外一部分用来安装带有转轴的驱动装置和控制装置，通过电机的转轴连接防爆箱体外的视窗清洁器，其中，视窗清洁器有三根长短不同的钩爪组成，并在镜头下方的视窗玻璃上提前贴上一定数量的视窗防尘膜，并在每张防尘膜上设置拉环，使得三叉戟的钩爪能够通过勾着拉环从而揭掉防尘膜。最后，通过视觉系统判断采集图像的能见度，来控制驱动装置带动三叉戟钩爪揭掉视窗玻璃上提前粘贴的透光防尘膜，从而达到视窗的清洁作用，工作流程如图 6-10 所示。

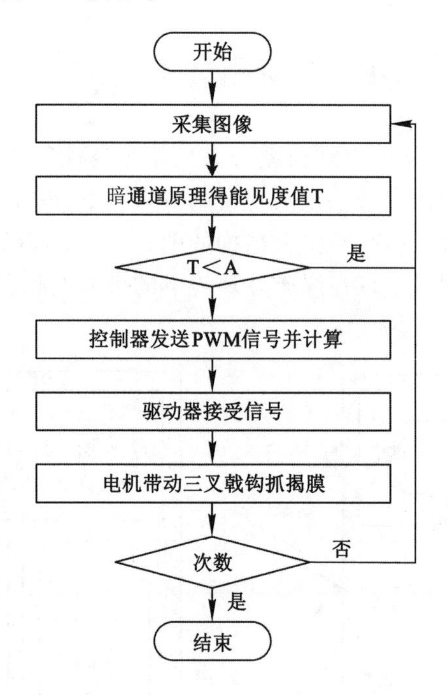

图 6-10　视觉防尘系统工作流程图

清洁系统的详细工作流程如下：首先打开相机进行采集胶带运输机上的煤流图片，并传输到计算机上，在计算机上根据暗通道原理将其进行实时的清晰度评价，获取图像的能见度 T，预设清晰图像的最低能见度为 A，通过比较 A 和 T 的大小，判断镜头前的视窗是否干净。若 $T>A$ 表明镜头下的视窗干净，则视觉系统继续工作；若采集图像的能见度 A 小于预设的能见度 T，表明当前时刻下的视窗被污染，不满足工作需求，则暂停视觉系统的工作，通过控制器向视觉系统的清洁装置发射信号，进行视窗的清洁工作。此时，驱动电机带动视窗前的三叉戟钩爪，通过将三叉戟钩爪抓住视窗上透光防尘膜的拉环，进行揭膜动作，从而完成视窗的清洁工作。每次揭膜的过程中都要进行当前已经揭取的防尘膜张数的统计，直到预先在镜头前贴的透光防尘膜用尽，结束整个流程。

6.5　镜头去污实验验证

为了验证此系统是否能够减小或者消除因采样误差带来的影响，基于实验室环境进行了采集过程中镜头被污染和进行镜头清洁的模拟实验。首先准备 5 块大小一样的玻璃、5 张手机贴膜和煤灰等材料，然后将手机贴膜分别贴在 5 块玻璃上，并将准备的煤灰按照从少到多的顺序分别洒在其中的 4 块贴有贴膜的玻璃上，如图 6-11(b)～(e)所示，模拟煤矿井下视觉系统的视窗被不同程度污染的情况，剩余的一块玻璃不做污染处理，表示镜头无污染的状态，如图 6-11(a)所示。

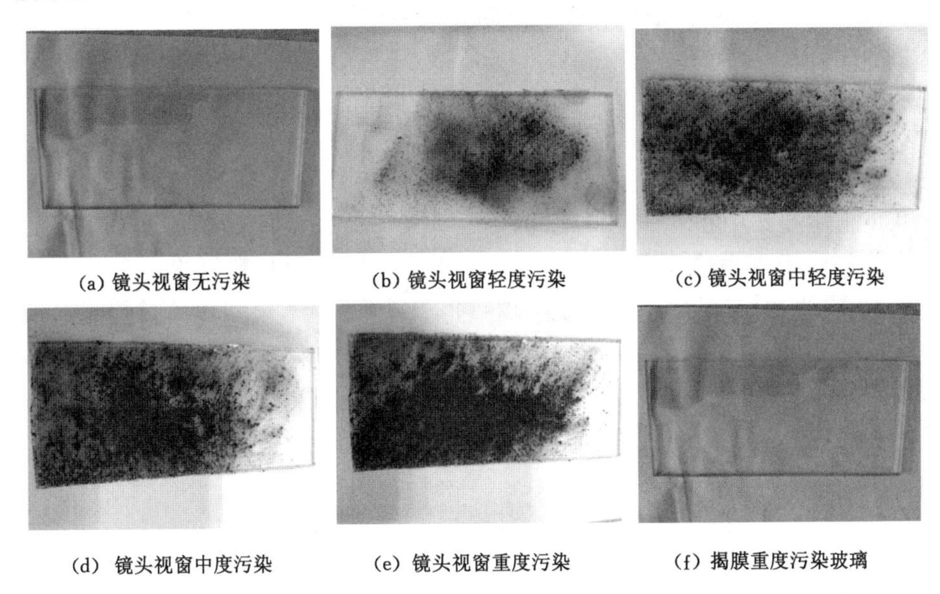

(a) 镜头视窗无污染　(b) 镜头视窗轻度污染　(c) 镜头视窗中轻度污染

(d) 镜头视窗中度污染　(e) 镜头视窗重度污染　(f) 揭膜重度污染玻璃

图 6-11　镜头视窗的不同污染状态

将不同程度污染的带有贴膜的玻璃分别置于实验室视觉测量系统中相机镜头的正下方，进行采集包含有激光线的图像，如图 6-12(a)～(e)所示，最后将污染最严重的玻璃进行揭膜处理，同样放置在镜头下方，进行包含有激光线的图像的采集实验，结果如图 6-12(f)所示。

分析采集到的所有样本图像的清晰度，采用灰度值统计的方法能够判断每一帧图像的清晰度，而 HALCON 中又自带灰度直方图的样式，因此可以基于 HALCON 直接读取样本图像获取灰度直方图，其不同污染程度下所采集图像的灰度直方图如图 6-13 所示。

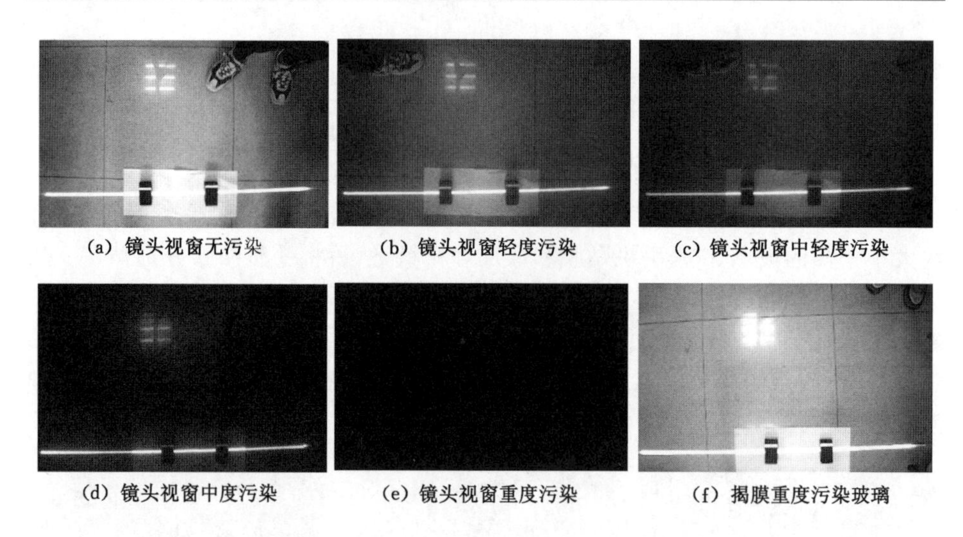
(a) 镜头视窗无污染　(b) 镜头视窗轻度污染　(c) 镜头视窗中轻度污染

(d) 镜头视窗中度污染　(e) 镜头视窗重度污染　(f) 揭膜重度污染玻璃

图 6-12　不同污染程度下采集的图像

观察图 6-13 的灰度直方图可知，当视窗镜头没有被污染时，采集到图像的灰度值主要集中在 40～120 之间；当镜头视窗被严重污染时，采集到图像的灰度值趋向于 0；其余不同程度污染下采集到的图像的灰度值均小于 40。如图 6-13(f)所示，对污染严重的玻璃进行揭膜处理后，采集到的图像的灰度值又恢复到 40～120 之间。实验表明：采用揭膜清洁装置清理视窗镜头的方法，能够提高采集图像的质量，其为视觉系统为在恶劣的煤矿井下进行有效工作提供了保障。

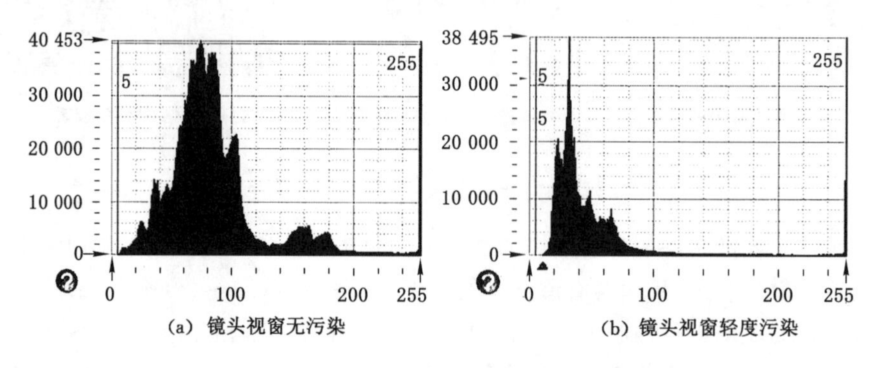

(a) 镜头视窗无污染　(b) 镜头视窗轻度污染

图 6-13　不同污染程度图像的灰度直方图

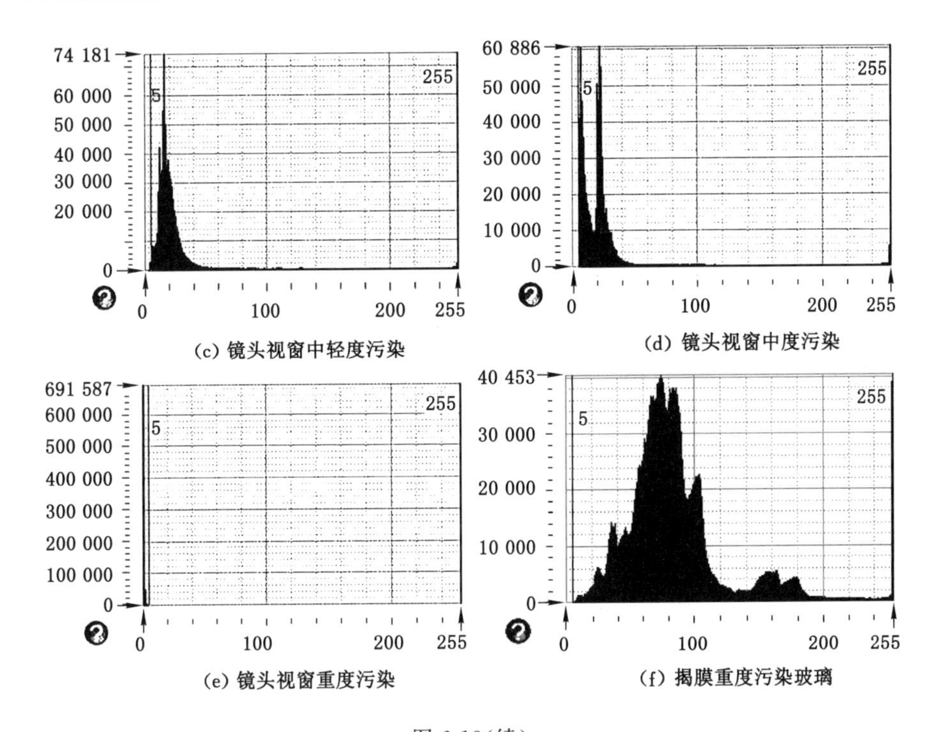

(c) 镜头视窗中轻度污染　　(d) 镜头视窗中度污染

(e) 镜头视窗重度污染　　(f) 揭膜重度污染玻璃

图 6-13(续)

第7章　综放工作面煤量激光扫描原理

前几章分别介绍了激光投影三维测量的基本原理和测量方法，通过激光条纹投影技术获得了生产线料流三维形貌测量，通过激光三角测量法结合条纹数字图像处理技术，开展了煤矿主煤流运输系统的输送量监测技术的研究，特别是针对煤矿胶带运输机煤流量监测开展了理论和实验研究。本章尝试将激光三维扫描测量技术引入到综放工作面的煤流量监测与调控中去，由于放煤工作面的后部刮板机激光监测难度更大，因此本书针对此问题，搭建了实验测量系统，开展了深入的激光点云数据处理方法研究和相关试验验证，取得了良好的效果。

7.1　放煤量监测系统整体方案

综放工作面，全名为煤矿综合机械化放煤工作面，其主要特点就是配备着液压支架、高功率刮板输送机以及采煤机。图 7-1 所示，综放工作面的放煤是放煤工人控制放煤支架尾梁摆动和插板伸缩动作实现的，支架上部煤岩通过后尾梁顺势垮落到支架后部刮板运输机上方，放出的煤和矸石通过刮板运输机运出。

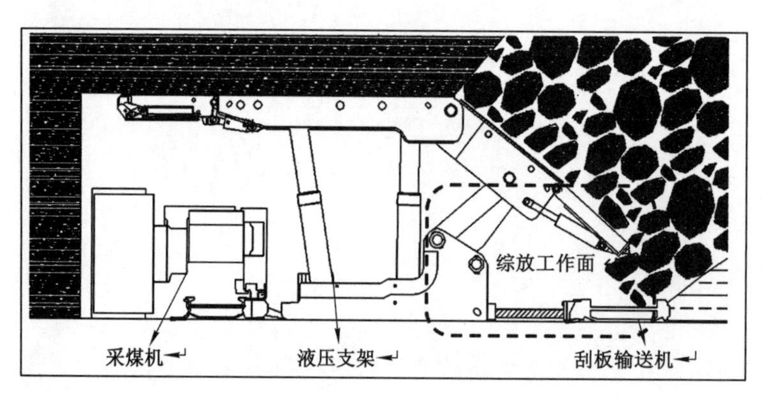

图 7-1　综放工作面示意图

综放工作面通常有足够厚的煤层可供开采，在采煤之后，由放煤工人控制液压支架打开放煤口，大量煤能够垮落在刮板输送机输送到转载机上。在综放工作面中，刮板输送机的运送能力一定要满足放煤产量要求，液压支架的调控必须要确保高精度和安全，两机之间的协同工作决定了放煤生产效率和煤矿安全。目前，综放工作面放顶煤作业主要依赖人工，现场放煤工人通过眼看和耳听判断支架后部煤流状态来进行放煤控制，其中放煤量的控制主要依赖人工目测。

如图7-2所示，在综放工作面的实际放煤过程中，由于支架后部空间受限、放煤过程中粉尘等因素对工人视线干扰极大，支架尾梁放煤口开放后放煤量的控制精准度低，不能准确获取单个或成组支架的单轮次放煤量信息，从而影响放煤口的开闭时机的准确判断，且瞬时放煤量过大时还容易造成后部刮板输送机局部过载状态运行，导致负载变化过大，影响设备运行健康状况和生产连续性，所以放煤量的精准监测感知对实现放煤工作面智能化具有重要意义。

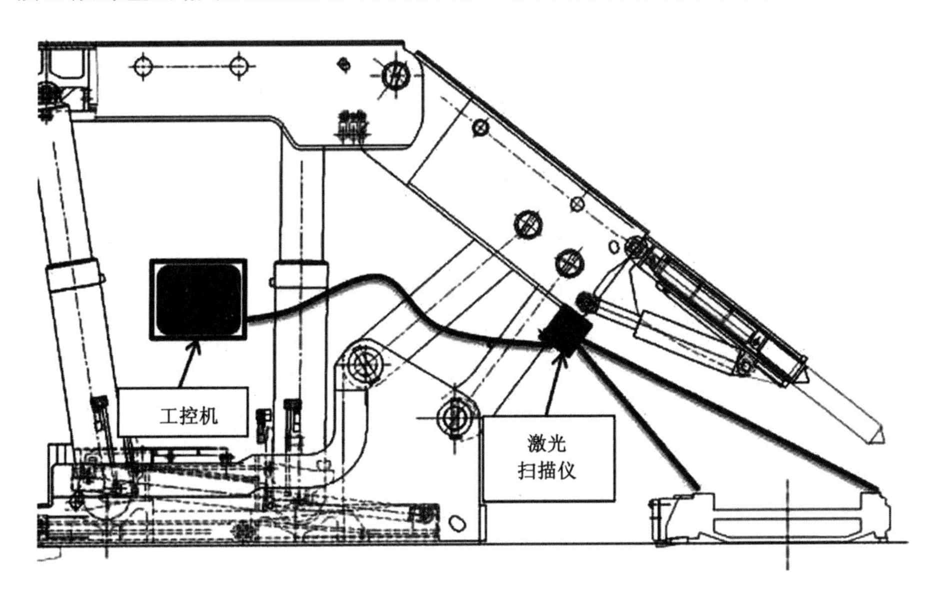

图7-2　放煤量监测示意图

因此，提出了基于激光扫描的综放工作面放煤量智能监测系统，搭配防尘防爆的硬件设备和内置去噪算法的多线程通讯软件，来克服综放工作面噪声、粉尘等影响。通过激光扫描方法获取高精度点云数据，来构建放煤煤流实时模型，从煤流量、截面积、三维形貌等多个维度准确反演综放工作面的煤流变化，为液压支架的放煤控制提供有效指导。刮板机上部的煤流相对支架做直线运动，安装在支架尾梁下方的扫描装置以固定频率获得堆煤的截面轮廓高度信息，通过对不同时刻的煤流表面轮廓进行激光扫描采样,形成一段时间内的堆煤截面高度参量序列,可以计算获得一段时间内的运煤量,而运煤量和放煤支架放煤口的放煤量具有一一对应的关系,即可获得工作面放煤量信息。

如图 7-3 所示,基于激光扫描的综放工作面放煤量智能检测技术主要为三个方面,分别为放煤量激光扫描装置、放煤量计算算法和上位机通讯软件。由于工作面粉尘、爆炸气体将对测量产生一定影响,放煤量激光扫描装置按照激光雷达测距的多次回波原理避免粉尘干扰,通过防爆设计确保装置的可靠性,为放煤量计算算法提供稳定的数据采集环境。另一方面,因为放煤量激光扫描装置没有消除机械振动和电气噪声等影响,也不能精确计算煤量,放煤量计算算法则利用插值预测算法消除噪声和误差,结合机器学习对煤流点云分类,根据三角微元法求取煤流量,弥补测量装置的不足之处。最终,上位机通讯软件配备了用户交互界面,为激光扫描装置提供通讯接口,方便与其他电子设备数据交互,并搭载放煤量计算算法,成为沟通用户、扫描装置和放煤量计算算法的桥梁。

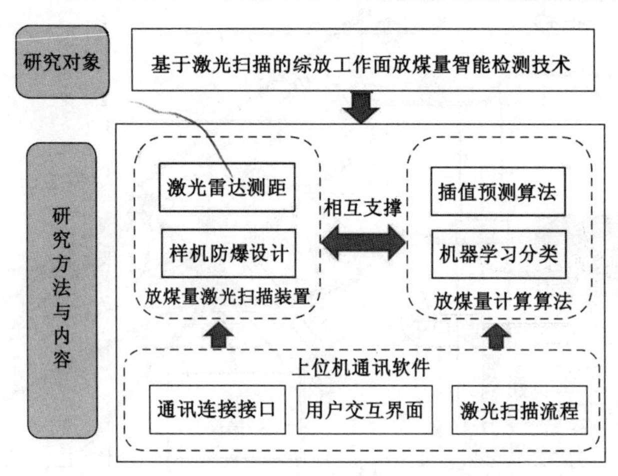

图 7-3　放煤量智能检测技术架构

7.2　激光雷达测距原理

放煤量在线测量装置选用了单线激光雷达 LMS111,作为测量放煤工作面形貌的主要传感器。表 7-1 所示,LMS111 激光雷达的扫描范围为 270°,扫描频率为 25/50 Hz,工作距离为 0.5～20 m。

表 7-1 激光雷达主要参数

仪器名称	扫描范围	扫描频率	工作距离	精度	角度分辨率
Bulkscan LMS511	190°	35/50/75/100 Hz	0.7～80 m	±3%	1°,0.5°,0.333° 0.25°,0.167°
Bulkscan LMS111	270°	25/50 Hz	0.5～20 m	±3%	0.5°,0.25°

激光雷达的数据报文一般会先给出初始角度，角度分辨率和扫描点数。然后，给出一段极坐标下的距离数据如表 7-2 所示。

表 7-2 激光雷达距离数据

Data[0]	Data[1]	Data[2]	Data[3]	Data[4]	...	Data[i]	...	Data[L]
1 111 mm	1 120 mm	1 135 mm	1 121 mm	1 130 mm	...	2 043 mm	...	3 001 mm

其中 Data[i]指第 i 个点以扫描中心为原点的极坐标系下的极径，L 指扫描点的总个数。激光雷达不会直接给出扫描点的极角，可以按照如下公式(7-1)计算，θ_i 指第 i 个点的极角，res 为角度分辨率。

$$\theta_i = i \times \text{res} + \text{starting\_angle} \tag{7-1}$$

图 7-4 中阐明激光雷达测距的主要原理是飞行时间(TOF)原理。首先，雷达开始计时并发射不可见的光脉冲到目标物体 A 上；其次，当雷达接收到目标物体 A 反射回来的光脉冲时结束计时，并记录该时间段为往返时间；最后，根据公式(7-2)，结合往返时间 t 来计算目标物体到雷达的距离 d，其中 v_c 为光速。单线激光雷达则按照该原理不断扫描获取角度范围内的距离信息，达到测量目标物体形貌的目的。

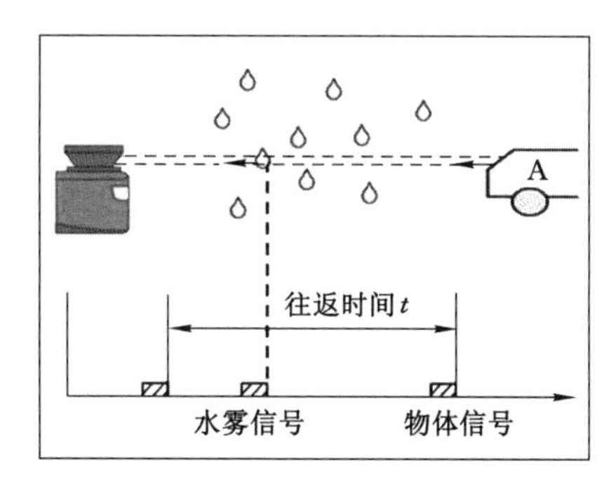

图 7-4 多次回波技术

$$d = \frac{1}{2} v_c t \tag{7-2}$$

LMS111 传感器具有防止粉尘、水雾干扰的特性，可以保证测量任务在环境恶劣的综放工作面安全有序进行。该特性主要体现在多次回波技术。图 7-8 中表明了多次回波的主要原理，当雷达前方有水雾或粉尘阻隔测量时，会接收到反射强度低的水雾或粉尘光脉冲信号但不会立刻结束计时，而是等待强度更高的目标物体 A 信号计算往返时间，若在规定的等待时间内没有强度更高的信号，则不再计算往返时间，并记此段距离为缺失值。

此外，被测物体反射率是关系到激光雷达能否完成测量的重要参数。影响物体反射率的因素有颜色、材质、雾气、粉尘等。一般把柯达白板的表面反射率定义为 100%。表 7-3 中，以柯达白板为标准，存在着反射率超过 100%的光亮表面物体，也存在着反射率低于 10%的黑色物体。激光雷达在测量反射率低于 10%的物体时，常常会出现数据缺失的情况，因此，在煤量测量过程中，数据缺失的现象经常发生，提出一种能够补充缺失值的算法是迫切且重要的。

表 7-3　不同材质和颜色的反射率

物体颜色和材质	反射率
抛光不锈钢	200%
柯达白板	100%
报纸	55%
粗木板	20%
纯黑色纸	10%
黑色油漆	5%
黑色的煤	4%～8%

7.3　扫描监测系统防爆设计

由于放煤量激光扫描样机将布置在放煤工作面附近，其必须拥有符合 GB 3836 标准的防爆与隔爆性能，以确保工作面的生产安全有序进行。此外，放顶煤时会引起高浓度的粉尘飘扬，造成激光扫描测量的误差偏大，所以扫描样机也应当具有较高的防尘与除尘性能以保证传感器测量精度。

扫描样机搭载了防爆电源、单线激光雷达 LMS111、接线盒等，在预留安装空间与接线空腔的情况下，其容积大小不应该小于 18 000 mm^3。考虑到制作工艺和安装方式等问题,扫描样机被设计为 300 mm×250 mm×250 mm 的立方体装置。另外,盖板与主体之间的隔爆接合面宽度不应小于 10 mm,接合面平均粗糙度 Ra 不超过 6.3 μm。

$$h \geqslant y\sqrt{\frac{kC_4 p}{\sigma_T}} \tag{7-3}$$

防爆外壳壁厚 h 按照公式(7-3)计算,其中材料选用 Q235,安全系数 k 取 1.5,爆炸压力 p 取 1 MPa,材料屈服极限 σ_T 取 235 MPa,y 为矩形短边。C_4 为矩形平板系数可查询表得到。最终计算取得壁厚 6 mm。

此外,还需要对防爆壳体进行冲击载荷的强度校核,以保证防爆壳体能够在真实的爆炸环境下保持足够高的强度。按照公式(7-4)进行冲击载荷应力 σ 计算,其强度必须满足许用应力不等式(7-5),其中 p 为爆炸压力,E 为弹性模量,d 为冲击距离取为 0.5 mm,h 为壁厚,k 为安全系数取 1.5。最终计算得出冲击应力 $\sigma=159.1$ MPa,小于许用应力,表明所设计的防爆样机壳体通过了爆炸冲击载荷的校核。

$$\sigma = p\left(1+\sqrt{1+\frac{2Ed}{ph}}\right) \tag{7-4}$$

$$\sigma < [\sigma_T] = \frac{\sigma_T}{k} \tag{7-5}$$

如图 7-5 所示,(a)、(b)分别为防爆样机实物图、防爆样机悬挂图。样机后部设有吊耳、挂钩,以螺栓紧固或悬挂的方式安装在液压支架横梁下。为了方便激光雷达进行扫描测量,防爆玻璃视窗与水平夹角呈 45°倾角。此外,防爆玻璃的折射率为 1.5,透明度为 92%,会对激光扫描造成较小的测量误差。

(a) 防爆样机实物

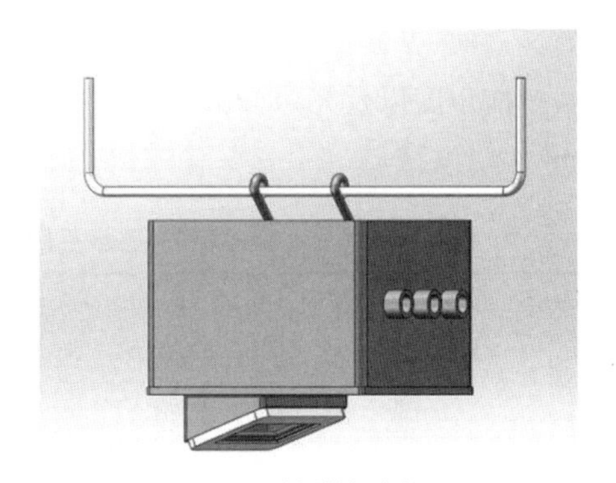

(b) 防爆样机安装

图 7-5　防爆样机示意图

7.4 监测系统扫描效果分析

目前煤量监测系统基本框架方案已经确定。硬件平台包含防爆壳体、实验台架、模拟刮板机等，如图 7-6 所示。为在实验室进行放煤量的激光扫描模拟实验，防爆壳体悬挂在实验架上，内置激光雷达不断扫描模拟刮板机，以 TCP 通信的方式与上位机进行信息交互，实现煤量信息的实时反馈。

图 7-6 软硬件平台搭建

$$丢点率 = \frac{返回的扫描点数}{扫描点总数} \times 100\% \tag{7-6}$$

本实验主要研究影响煤流监测系统激光扫描效果的多种因素，因变量为激光扫描的丢点率，是衡量激光扫描效果的重要指标，如式(7-5)所示。将扫描色系、粉尘、扫描角度以及光照分为 A、B、C、D 四组，为四因素两水平，选用的正交表为 $L_8(2^7)$。

表 7-4 水平因素表

水平 Level	扫描色系 Scan color(A)	粉尘 Dust(B)	扫描角度 Scan angle(C)	光照 Illumination(D)
1	黑	有	45°	强
2	白	无	90°	弱

按照表 7-4 给出的 8 个实验组合进行实验，测量结束后确定及比较激光雷达扫描的丢点率，每个组合重复测量 3 次。

表 7-5　正交实验表

编号 Run	实验组合 Comibination	丢点率 Loss rate/%
1	A1B1C1D1	40.67±1.88
2	A1B1C1D2	40.30±2.50
3	A1B2C2D1	28.47±2.11
4	A1B2C2D2	29.02±1.95
5	A2B1C2D1	39.19±2.10
6	A2B1C2D2	39.00±1.78
7	A2B2C1D1	30.31±1.81
9	A2B2C1D2	28.47±2.32

在进行多因素方差分析前，一般先确定样本总体是否符合方差齐性和正态性，由于偏度分布对方差分析的干扰不太大，所以可以不进行正态性检验，而直接进行方差齐性检验，即 Levene 检验。

表 7-6　误差方差齐性的 Levene 检验

$\alpha=0.05F$	$df1$	$df2$	Sig.
2.108	7	16	0.103

检验零假设：所有组中的因变量方差误差均相等。

其中 F 指统计量，$df1$ 为实验组数的自由度，$df2$ 为样本自由度，Sig. 表示 P 值，α 指显著水平。表 7-6 中，由于 P 值大于显著水平 α，接受零假设，符合方差齐性，可以进行多因素方差分析。

表 7-7　主体间效应的检验

源	Ⅲ型平方和	df	均方	F	Sig.
矫正模型	0.074	4	0.019	768.921	0.000
截距	2.842	1	2.842	117 442.35	0.000
扫描色系(A)	0.000	1	0.000	8.581	0.009
粉尘(B)	0.073	1	0.073	3 016.069	0.000
扫描角度(C)	0.001	1	0.001	47.669	0.000
光照(D)	8.140E−005	1	8.140E−005	3.363	0.082
误差	0.000	19	2.420E−005		
总计	2.917	24			
校正的总计	0.075	23			

检验零假设:按照自变量分的类中,因变量均值皆相等。

比较 P 值,由表 7-7 可以看出,A、B、C 组均拒绝零假设,D 组接受零假设。在不考虑各因素之间的交互作用下,扫描色系、粉尘及扫描角度均对激光扫描有显著性影响。无粉尘的丢点率均值低于有粉尘,扫描色系为白色的丢点率均值低于扫描色系为黑色,扫描角度为 90°的丢点率均值低于扫描角度为 45°,其中粉尘对丢点率的影响最大,王腾飞通过单变量控制实验,进一步证明了粉尘浓度与激光测距误差之间存在线性正相关。

实验表明,监测系统的激光扫描效果确实受角度、扫描色系及粉尘等影响,但在实际测量中,被测物体的色系和测量环境是固定的,能够影响激光扫描效果的主要因素是扫描角度。因此,进一步研究扫描角度对扫描效果的影响是有潜在意义和深度价值的。

Cang Ye 等曾研究过扫描角度对扫描效果的影响,实验表明角度确实会造成激光扫描的测量误差,进而影响扫描效果。该实验给定了一个固定的距离 2 000 mm,不断测量调整角度测量并记录,形成一段折线图,计算每个角度的测量均值 μ 和方差 σ。如图 7-7 所示,为实验结果折线图,纵轴为扫描点的采样次数,横轴为测量值,CangYe 规定扫描角度 angle 为激光扫描的入射方向与物体表面的法线方向的夹角角度。

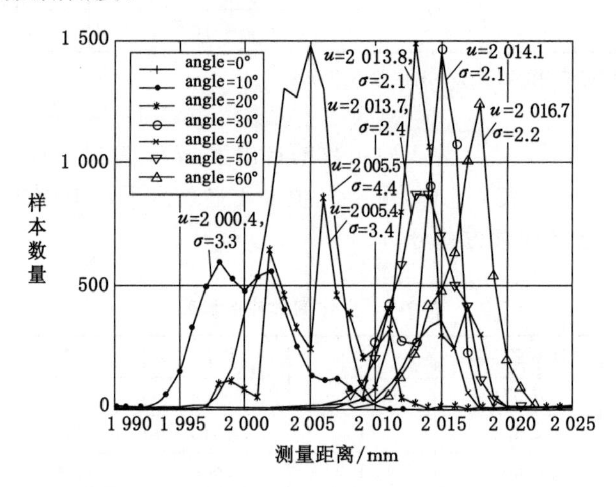

图 7-7　实验结果折线图

实验表明,扫描角度 angle 确实会引起测量偏差,当扫描角度为 0°、10°时,测量偏差最小,方差较大。但当扫描角度为 40°、50°、60°时,测量偏差较大。因此,为了取得不错的测量效果,煤流监测系统的测量方向应当尽可能垂直于物体表面,保证扫描角度维持在一个较小范围内。

第 8 章　工作面刮板机过煤量计算算法

为了实现放煤量精准计算，至少要克服两个难题。一是综放工作面存在电气噪声和机械振动，造成了放煤数据的缺失和偏差，补全缺失数据和纠正偏差有助于提高系统的可靠性和测量精度；二是放煤煤堆数据与其他物体数据混叠，将放煤煤堆数据识别并分离是实现煤流量精准计算的前提条件。

由于放煤工作面环境十分复杂，对放煤量算法提出了苛刻的要求。该算法需要满足以下条件：① 刮板机和液压支架的姿态随时会发生变化，架设在两者之间的激光雷达不可避免的受到影响。因此，煤流算法应当不受位姿变化的影响，具有鲁棒性和较强的泛化能力。② 放煤工作面粉尘飘扬、水雾弥漫，都会对激光测量带来噪音和干扰，煤流算法应当能够克服噪音问题。③ 为了实现煤流量的精准计算，算法本身也应该具有很高的精度。为了满足这些要求，提出了一种具有鲁棒性和较高泛化能力的煤流算法是迫切和有价值的。

8.1　放煤量数据插值算法

8.1.1　常见插值算法

数据插值算法是一种能够补充缺失值的方法，是数据处理领域的重要研究方向，并广泛应用于医疗、大气遥感、激光雷达图像等方面，主要目的就是利用已知的数据点，结合插值模型或假设推断出未知的数据点，从而将部分信息缺失补全为信息完整。目前，插值算法主要分为线性插值和非线性插值方法。传统的线性插值算法采用一种静态内核对进行插值操作，插值效率高，计算速度快，但是数据中的一些细节会失真，效果十分差。非线性插值算法大多基于边缘信息方法，如三次样条插值算法、边缘导向插值算法、线性最小均方误差估计插值算法、软判决自适应插值算法以及边缘对比度引导插值算法等，都能取得不错的视觉效果和较低的信噪比，但是非线性插值算法时间复杂度要比线性插值算法高出一个数量级。

最邻近插值算法是一种最基础、最简单的插值算法。该算法不需要进行卷积运算，从缺失值的邻近域内寻找一个值替代缺失值。图 8-1(a)中，将数据分为九个区域，其中五个空白区域为缺失数据，四个区域包含了准确数据，最邻近插值算法选取(a)中与空白区域邻近的非空白区域的数据填补原本缺失的数据，最终得到插值后数据(b)。该种算法效率高，可以快速填充数据，但是大规模填充数据时容易引起数据失真、信噪比过高等问题，没有考虑到数据与数据之间的连续变化。

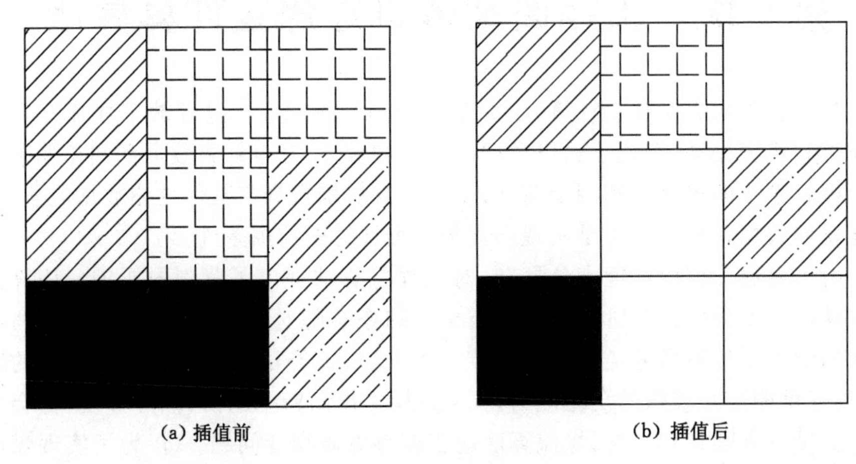

图 8-1 最邻近插值算法

因此，考虑到数据之间的变化联系，单线性插值算法被提出并被广泛使用。单线性插值算法需要找到缺失值两端的数据，按照指定好的方向做线性变换来填补缺失值。确定了缺失值 x' 两端的数据分别为 (x_1, y_1) 和 (x_2, y_2)，按照 x 方向做线性变换，由公式(8-1)求得 y'。

$$y' = \frac{x'}{x_2 - x_1} \cdot (y_2 - y_1) + y_1 \tag{8-1}$$

以线性插值为基本原理，延展到三维、四维情况有双线性插值及三线性插值算法。利用双线性插值算法对图像进行尺寸调整操作，将原始图像扩展为尺寸更大的图像。但是线性插值函数在二阶不可导，只在一阶连续，插值后图像往往并没有变得更加清晰，且存在失真的现象。

因此，为了保证数据的高阶连续可导，可以使用更高阶多项式对数据进行插值运算。运用 3 个已知节点 (x_1, y_1)，(x_2, y_2)，(x_3, y_3) 求取两个未知的节点 (x', y')，(x'', y'')，首先，由式(8-2)确定插值方程为二次多项式插值，然后，按照公式(8-3)求取二次多项式系数，最后，将 x'，x'' 代入已知系数的公式中，求取 y'，y''。

$$\boldsymbol{XA} = \begin{bmatrix} {x_1}^2 & x_1 & 1 \\ {x_2}^2 & x_2 & 1 \\ {x_3}^2 & x_3 & 1 \end{bmatrix} \begin{bmatrix} a \\ b \\ c \end{bmatrix} = \begin{bmatrix} y_1 \\ y_2 \\ y_3 \end{bmatrix} = \boldsymbol{Y} \tag{8-2}$$

$$\boldsymbol{A} = \boldsymbol{X}^{-1}\boldsymbol{Y} \tag{8-3}$$

按照泰勒公式(8-4),只要数据在高阶 x_0 处连续可导,利用高次多项式对数据进行插值时,多项式的次数越高,其拉格朗日余项越小,结果就越准确。但是在实际应用中,高次多项式的插值效果并不好,插值区间的边缘严重偏离实事。这种使用均匀节点进行高次多项式插值方法,产生插值区间误差急剧增大的现象,叫做龙格现象。

$$f(x) = f(x_0) + \frac{f'(x_0)}{1!}(x - x_0) + \cdots + \frac{f^{(n)}(x_0)}{n!}(x - x_0)^n + R_n(x - x_0) \tag{8-4}$$

造成龙格现象的根本原因是以均匀节点为插值节点,插值函数 y 的解析区域过小。因此,龙格现象的产生主要与插值节点和插值函数本身有关。

所以,为了避免使用高阶多项式进行插值,将所有数据分为一个个小区间独立处理,对每个小区间进行低阶多项式插值,可以有效避免龙格现象。这种分区间多项式插值的做法,称为样条插值,其中最为经典的样条插值是三次样条插值方法。

$$\begin{cases} y = a_1x^3 + b_1x^2 + c_1x + d_1 & x \in [x_0, x_1] \\ y = a_2x^3 + b_2x^2 + c_2x + d_2 & x \in [x_1, x_2] \\ \qquad \vdots & \\ y = a_nx^3 + b_nx^2 + c_nx + d_n & x \in [x_{n-1}, x_n] \end{cases} \tag{8-5}$$

$$\begin{cases} y_0 = a_1{x_0}^3 + b_1{x_0}^2 + c_1x_0 + d_1 \\ y_1 = a_1{x_1}^3 + b_1{x_1}^2 + c_1x_1 + d_1 \\ y_1 = a_2{x_1}^3 + b_2{x_1}^2 + c_2x_1 + d_2 \\ y_2 = a_2{x_2}^3 + b_2{x_2}^2 + c_2x_2 + d_2 \\ \qquad \vdots \\ y_{n-1} = a_n{x_{n-1}}^3 + b_n{x_{n-1}}^2 + c_nx_{n-1} + d_n \\ y_n = a_n{x_n}^3 + b_n{x_n}^2 + c_nx_n + d_n \end{cases} \tag{8-6}$$

$$\begin{cases} y'_1 = 3a_1 x_1^{\ 2} + 2b_1 x_1 + c_1 = 3a_2 x_1^{\ 2} + 2b_2 x_1 + c_2 \\ y''_1 = 6a_1 x_1 + 2b_1 = 6a_2 x_1 + 2b_2 \\ y'_2 = 3a_2 x_2^{\ 2} + 2b_2 x_2 + c_2 = 3a_3 x_2^{\ 2} + 2b_3 x_2 + c_3 \\ y''_2 = 6a_2 x_2 + 2b_2 = 6a_3 x_2 + 2b_3 \\ \qquad \vdots \\ y'_{n-1} = 3a_{n-1} x_{n-1}^{\ 2} + 2b_{n-1} x_{n-1} + c_{n-1} = 3a_n x_{n-1}^{\ 2} + 2b_n x_{n-1} + c_n \\ y''_{n-1} = 6a_{n-1} x_{n-1} + 2b_{n-1} = 6a_n x_{n-1} + 2b_n \end{cases} \tag{8-7}$$

$$\begin{cases} y'_0 = 3a_1 x_0^{\ 2} + 2b_1 x_0 + c_0 = 0 \\ y'_n = 3a_n x_n^{\ 2} + 2b_n x_n + c_n = 0 \end{cases} \tag{8-8}$$

以二维数据(x,y)为例，三次样条插值的具体做法是：① 公式(8-5)所示，把数据区间$[x_0,x_n]$分为$[x_0,x_1]$，$[x_1,x_2]$，…，$[x_{n-1},x_n]$，共 n 个区间。② 公式(8-6)所示，为了保证区间内的连续可导，将每个区间的端点带入三次多项式，得到 $2n$ 个方程式(8-7)，每个区间的三次多项式应该有相同的系数。③ 为了保证端点处的一阶可导 y'和二阶可导 y''，每个区间端点的导数应该相同，得到 $2n-2$ 个方程式。④ 指定端点 x_0，x_n处的边界条件，公式(8-8)给出了自然边界条件，得到 2 个方程式。最终，得到 $4n$ 个方程式，足以解答 n 个三次多项式，求解出 $4n$ 个未知参数。

三次样条插值法还可以实现并行矩阵计算，大大减少计算时间，如果不考虑系统误差和随机误差，三次样条插值是比较理想的插值算法。

8.1.2 点云滤波处理

由于综放工作面环境因素带来的影响，以及煤流本身表面性质的问题，点云数据不可避免地出现一些混杂的噪声。点云滤波能够有效处理噪声点，而且作为数据预处理的第一步，对后续数据分析将会产生巨大的影响。因此，熟悉各种点云滤波的作用、原理以及性能，将对整个综放工作面放煤煤流识别过程大有裨益。

直通滤波器是一种常用的点云滤波方法，主要通过划定一个有限的三维空间，遍历并判断所有点云是否在所划定的空间内，如果在所划定范围之外，就当作离群点或者噪声去除。

在图 8-2 中，利用直通滤波对猫的点云进行了处理，提取出了猫的轮廓点云，并以 Z 渲染的方式显示出来。直通滤波算法运行效率快，只保留关注的三维空间，可以有效去除大量离群点，可以结合其他点云操作实现深层次的算法。

对比直通滤波，半径滤波则考量点云密度，对离群点进行剔除。其大致思想是：给每个点划定一个半径为定值的球形区域，若该球形区域内的邻近点过少，就会将该点判为离群点并剔除出去。

(a) 原始点云图像

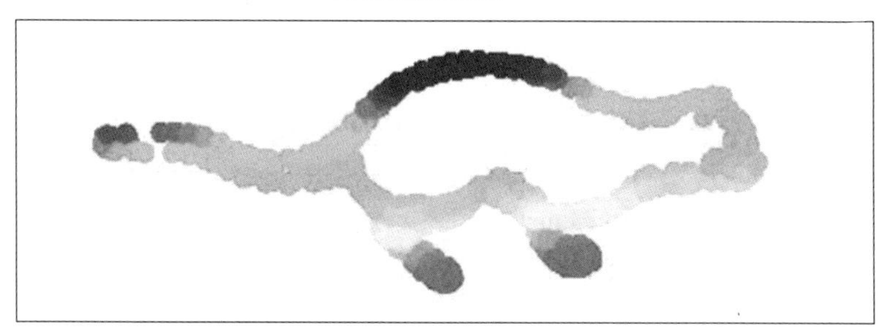

(b) 滤波后点云图像

图 8-2　直通滤波

在图 8-3 中，对包含噪声的桌子点云进行半径滤波处理，去除了游离在桌子周围的噪点和漂浮在桌子之外的干扰点，得到了一张表面光滑的桌子点云图像。该算法基于点云密度的思想，能够有效去除一些离群点，但是计算量较大，通常需要搭配 K-D tree 来查询周围的邻近点。

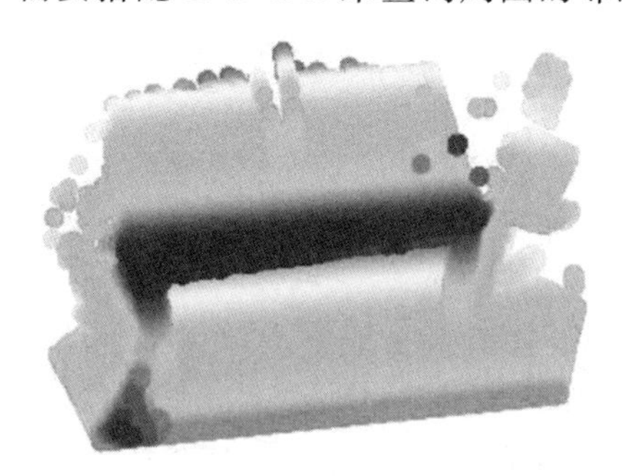

(a) 原始点云图像

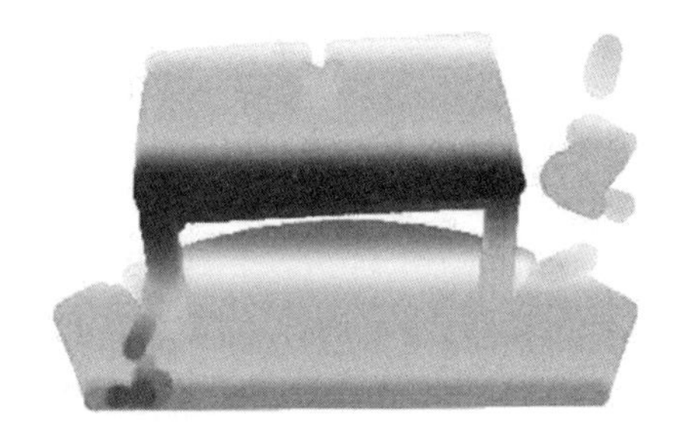

(b) 滤波后点云图像

图 8-3　半径滤波

实际环境应用中既有去除噪声点的需要，也有对数据进行平滑的需要。移动最小二乘法(MLS)则是一种典型的点云平滑滤波算法，能够对离散的点云做出曲面拟合，达到平滑数据和降噪的作用，是三大边缘保持滤波之一。

比起传统的最小二乘法，MLS 算法有着自适应的拟合函数和影响区域。利用 MLS 算法进行点云处理时，拟合函数不会采用固定的多项式或其他函数，而是由系数向量和基函数组合成的拟合函数。同时，计算点云数据时划分影响域，影响域以外的其他点云对该点云无任何影响，在影响域内定义权函数，如果权函数为固定值，那么就是传统的最小二乘法。

在拟合点云曲面的一个局部子域上，拟合函数 $Z(x,y,z)$ 表示为

$$Z(x,y,z) = \sum_{i=1}^{n} \alpha_i p_i(x,y,z) = p^{\mathrm{T}}(x,y,z)\alpha \tag{8-9}$$

式中，$\alpha=[\alpha_1,\alpha_2,\alpha_3,\alpha_4,\cdots,\alpha_n]$ 为系数向量，$p(x,y,z)$ 为基函数，是一个 k 阶完备的多项式，n 是项数。针对三维点云问题，有如下基函数：

线性基 $p(x,y,z)=[1,x,y,z],n=4$

二次基 $p(x,y,z)=[1,x,y,z,xy,xz,zy,x^2,y^2,z^2],n=10$

利用均方误差取得损失函数 J，其中 $P=(x,y,z)$。

$$J = \sum_{j=1}^{N} \omega(P-P_j)\left[p(P_j)\alpha - z_j\right]^2 \tag{8-10}$$

其中，N 是影响区域的点云数目，$Z(x,y,z)$ 是关于 z 的拟合函数，z_j 是点 $P=P_j$ 处的 z 值，$\omega(P-P_j)$ 是点云 P_j 的权函数。对式(8-10)求导，可以得到：

$$\frac{\partial J}{\partial \alpha} = A(P)\alpha - B(P)z = 0 \tag{8-11}$$

$$\alpha = A^{-1}(P)B(P)z \tag{8-12}$$

其中

$$A(P) = \sum_{j=1}^{N} \omega(P-P_j)p(P_j)p^{\mathrm{T}}(P_j) \tag{8-13}$$

$$B(P) = [\omega(P-P_1)p(P_1),\omega(P-P_2)p(P_2),\cdots,\omega(P-P_N)p(P_N)] \tag{8-14}$$

$$z = [z_1,z_2,\cdots,z_N]^{\mathrm{T}} \tag{8-15}$$

将式(8-12)带入式(8-9)中，可以得到关于点云 P 的 z 取值：

$$Z(P) = p^{\mathrm{T}}(P)A^{-1}(P)B(P)z \tag{8-16}$$

其中，权函数在 MLS 算法中有着很重要的作用。权函数应当是非负的，最好具有一定的光滑性，因为拟合函数会保持和权函数一样的特性。

8.1.3 数据预测方法

在实际放煤激光测量中，堆煤本身为黑色系，激光反射率并不高，往往会造成激光测距数据缺失。又由于综放工作面机械振动剧烈，充斥着电气噪声，堆煤

移送过程中粉尘飘扬、水雾弥漫，引起强烈的系统误差，对激光雷达采集数据造成了极大的干扰。针对这些情况，传统的插值方法虽然能补全缺失数据，但是由于工作面环境问题会严重偏离实际情况，因此提出一种能够补全激光数据且适用于放煤工作面的激光图像算法是有意义和必要的。

因此，提出了基于卡尔曼滤波和高次项回归的图像预测方法。但是该方法需要符合两个假设：

① 被观测物体不存在复杂的变形，只存在简单的缓慢变化。

② 在短时间内，传感器的位置相对于全局坐标系是静止的。

假设(1)保证了被观测物体的连续和高阶可导，这使得观测物体的形貌可以被高阶泰勒公式描述，能用多项式回归的方法求解出。假设(2)确保了一定时间内传感器是被固定不动的，观测位置是不存在位移和旋转的，不必考虑传感器的位姿变换对图像预测算法产生持续影响。

(1) 高次多项式回归

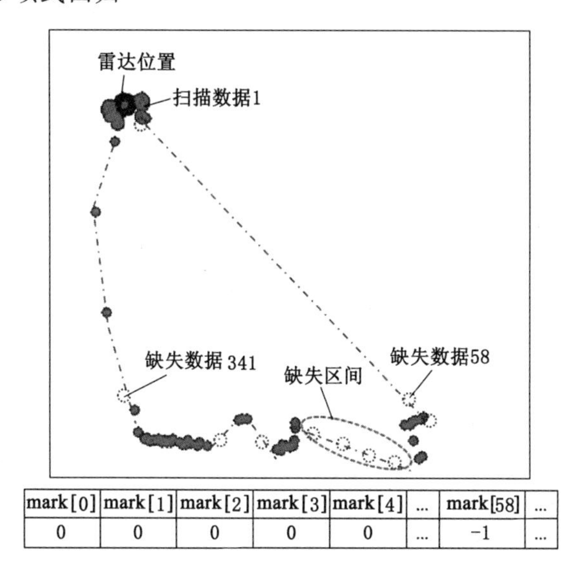

mark[0]	mark[1]	mark[2]	mark[3]	mark[4]	...	mark[58]	...
0	0	0	0	0	...	-1	...

图 8-4　缺失数据标记

高次多项式回归的主要任务是补全缺失数据和抑制噪声。主要分为两步：通过聚类和插值算法建立当前时刻各个数据之间的关系，结合高次多项式回归加强不同时刻之间各个数据的联系。需要注意的是，高阶多项式回归拟合原理不同于高阶多项式插值，并不会出现龙格现象。

为了补全数据，首先，对数据进行初次扫描，检查缺失数据的位置，如果发现缺失数据，要将该位置标记起来。在图 8-4 中，深灰色点标记为雷达位置，浅灰色点为扫描数据，虚点为缺失数据，mark[i]记录了第 i 个数据的缺失以及分类情况，如果发现第 i 个点数据缺失，那么会先将 mark[i]临时标为 1，反之则为 0。之后对缺失数据进行聚类时，会改写 mark[i]的值。

缺失值通常不会单独出现，往往会与其他缺失值邻接成一片缺失区间。而对一片缺失区间进行插值运算时，需要知道区间两端的扫描数据，因此，要对标记好的缺失数据进行聚类，确定缺失区间的端点。其聚类方法类似于密度聚类方法，具体做法见附录。

该聚类方法嵌套了两次循环，但是只有一个循环变量 i，子循环遍历过的 mark，父循环不再遍历，所以其时间复杂度为 $O(n)$。此算法可以通过 mark 和 cluster 高效查询该数据是否缺失，属于哪一个区间，区间的两个端点是多少。

$$y' = \frac{n-(\text{begin}-1)}{\text{end}-\text{begin}+2} \cdot (y_2 - y_1) + y_1 \tag{8-17}$$

$$x' = \frac{n-(\text{begin}-1)}{\text{end}-\text{begin}+2} \cdot (x_2 - x_1) + x_1 \tag{8-18}$$

其次，对序号为 n 的缺失数据(x',y')进行插值运算。通过 mark 和 cluster 查询得到缺失区间的端点 begin 及 end，分别记为(x_1,y_1)和(x_2,y_2)。按照公式(8-17)和式(8-18)线性插值计算(x',y')。线性插值计算速度快，但是容易导致数据曲线粗糙。若对曲线的平滑程度要求较高，一般选择高次多项式插值或样条插值方法来计算，但需要注意龙格现象及边缘端点影响。

然而，插值运算只考虑到了放煤曲线随空间的变化，并没有考虑到曲线随时间变化的情况。更进一步地，应该考虑到物体形貌曲线随时间变化情况，以及随时间变化的具体表达式。

假设(1)中被测物体只存在简单的较慢变化，说明了物体形貌随时间的变化情况：被测物体曲线应当平滑且处处连续和可导。因此，曲线随时间的变化是可以被泰勒公式所描述。当物体曲线 $p(t)$在 t_0 处连续和高阶可导时，可被泰勒表达式(8-19)表达，R_n 为 peano 余项。需要注意的是，该表达式只可以用来描述物体形貌 t_0时刻邻域的变化，超出 t_0 邻域将会造成 peano 余项的巨大偏差。

$$p(t) = p(t_0) + p'(t_0)(t-t_0) + \cdots + \frac{p^{(n)}(t_0)}{n!}(t-t_0)^n + R_n(t-t_0) \tag{8-19}$$

然后，结合最小二乘法对放煤曲线进行回归。在图 8-5 中，最小二乘法滤波利用高次多项式(8-20)对插值数据进行拟合，达到平滑数据的目的，联系时空域关系构建放煤曲面，其中 $p(t)$为某个点 t 时刻的泰勒表达式(拟合数据)，一般选取 5 阶，阶数过高时，容易引起过拟合现象，阶数过小时，会导致 peano 余项偏差。在式(8-21)中，f 为最小二乘法损失函数，d_t 为某个点 t 时刻的插值后数

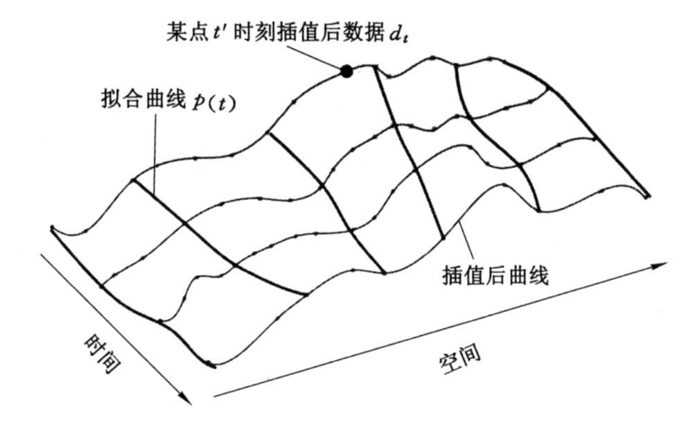

图 8-5　放煤曲线时空变化

据。灰色线为空间域插值后的煤样曲线。

$$p(t) = a_1t^5 + a_2t^4 + a_3t^3 + a_4t^2 + a_5t + a_6 \tag{8-20}$$

$$f = \sum_{t=0}^{N} || a_1t^5 + a_2t^4 + a_3t^3 + a_4t^2 + a_5t + a_6 - d_t ||^2 \tag{8-21}$$

为了并行运算，按照公式(8-22)、式(8-23)、式(8-24)矩阵计算：

$$\min f = \min \sum (X_{\mathrm{i}}{}^{\mathrm{T}}A - d_t)^2 \tag{8-22}$$

$$\nabla_X f = \nabla_X (XA - D)^{\mathrm{T}}(XA - D) = 0 \tag{8-23}$$

$$A = (X^{\mathrm{T}}X)^{-1}X^{\mathrm{T}}P \tag{8-24}$$

式中，t_i 为第 i 帧的时间：

$$A = [a_6 \quad a_5 \quad a_4 \quad a_3 \quad a_2 \quad a_1]$$

$$X_i = [1 \quad t_i \quad t_i{}^2 \quad t_i{}^3 \quad t_i{}^4 \quad t_i{}^5]^T$$

为了防止过拟合现象，也可以使用正则化方法给损失函数 f 添加参数惩罚项，防止参数过大，如式(8-25)所示：

$$f = \sum_{t=0}^{N} || a_1t^5 + a_2t^4 + a_3t^3 + a_4t^2 + a_5t + a_6 - d_t ||^2 + \sum_{i=1}^{6} a_i^2 \tag{8-25}$$

由于泰勒公式只能描述局部变化，所以通常用时间轴上相差不大的数据来求得短时间内的曲线变化，不能用时间差距大的数据来计算长时间的变化甚至未来的变化。

高次多项式回归算法虽然能够有效抑制噪声，但是仅限于抑制过去时刻的噪声，而无法抑制当前时刻的噪声，所以不能够很好地估计当前时刻的数据。因此有必要结合一些算法计算当前时刻的数据，提高预测算法的可靠性。

(2) 卡尔曼滤波预测

卡尔曼滤波是一种线性系统状态估计方程，通过输入观测值，对系统真值进行最佳估计的算法。由卡尔曼和布塞于20世纪60年代联合发表的一篇论文“线性滤波和预测理论的最新成果”中引出，早期应用于导弹弹道预测。

传统的滤波算法，通常对信号和噪声做出频域分析，在不同频段上分离出有用信号和干扰信号，对于同频的噪声，处理效果并不好。卡尔曼滤波则是对每个时刻的系统误差和测量误差做出适当的统计学性质假设，按照马尔可夫模型对当前状态做出最佳估计，不断迭代更新并逼近测量真值，对信号的要求不严格，和线性系统切合度高，在通信、电力、航空航天等领域都得到了广泛应用。

卡尔曼滤波的基本原理是马尔可夫模型，它的一个重要特性是无后效性，即系统在已知目前的状态下，未来状态的演变不再受过去状态的影响。本质上说明了未来与过去无关，当前状态是对过去所有状态的完整总结，只有当前状态可以推导出未来状态的演变。通常把符合无后效性的过程叫做马尔可夫过程，是随机过程中的一种。在现实过程中，存在很多马尔可夫过程，如一个企业的年销售额，商店排队的人数，布朗运动等。

当前时刻状态依赖于前一个时刻的 n 个状态，被称为 n 阶马尔可状态。当前时刻的状态 X_t 依赖于前一个时刻的一个状态 X_{t-1}，也能够推算出未来的状态 X_{t+1}。如果系统状态 X 不可观测，那么便成为了隐马尔可夫模型。系统状态 X 不可见，但是由系统状态 X 衍生出的观测值 Z 可见，通过当前时刻的观测值 Z_t 和前一个时刻状态 X_{t-1} 便可推演出当前时刻状态 X_t。其中，观测值 Z 只与当前时刻的状态有关，与其他观测值或状态无关，也被称为观测独立性。

标准卡尔曼滤波分为两大部分，分别为预测和更新。

公式(8-26)式(8-27)为对当前状态 x_t 和误差 P_t 的预测步骤。其中 A 为状态转移矩阵，B 为控制矩阵，u_t 为控制变量，Q 为转移过程误差。

$$x_t = Ax'_{t-1} + Bu_t \tag{8-26}$$

$$P_t = AP'_{t-1}A^T + Q \tag{8-27}$$

公式(8-28)(8-29)、(8-30)为当前时刻最佳估计 x'_t 和 p'_t 的更新步骤。其中 H 为状态到变量的转换矩阵，K_t 为卡尔曼滤波增益系数，Z_t 为观测值，R 为测量误差。

$$K_t = P_tH^{\mathrm{T}}\,(HP_tH^{\mathrm{T}} + R)^{-1} \tag{8-28}$$

$$x'_t = x_t + K_t(z_t - Hx_t) \tag{8-29}$$

$$P'_t = (I - K_tH)P_t \tag{8-30}$$

其具体做法为：先按照公式(8-26)对当前状态做出预测，并计算当前状态误差。然后，输入观测值 Z_k 和测量误差 R，对当前状态和误差做出最佳估计，完成更新步骤再次进入预测过程，如此循环往复。

然而，考虑到工作面的复杂情况，放煤测量系统本身是一个非线性系统，标准卡尔曼滤波只适用于线性系统，有一定局限性，所以难以将整个系统融入卡尔曼滤波。虽然可以结合扩展卡尔曼滤波对非线性系统进行最优估计，但是精度并不高。值得庆幸的是，由于被观测物体只存在简单的缓慢变化，且观测位置不变，只考虑被观测物体的形貌时，激光测量系统就是一个线性系统，便可以利用标准卡尔曼滤波进行最佳估计。

调整后的卡尔曼滤波，其流程大致如下：

(1) 初始化误差。

(2) 对当前时刻 t 进行卡尔曼滤波：

① 预测当前系统状态 x_t 及误差 P_t。由于被观测物体变化缓慢，当前状态应该与前一时刻的回归数据 r_data[i,$t-1$]近似相等。

② 计算增益系数，更新当前状态的最佳估计。以插值后数据作为观测值输入到更新方程中

③ 更新预测数据及回归数据。

(3) 重新计算区间[$t-20$,t]的回归多项式，重复步骤 2、3。

结合高次多项式回归后的激光数据，卡尔曼滤波的伪代码见附录。

其中 after_data[i,t]为 t 时刻第 i 个点的插值数据，r_data[i,$t-1$]为 $t-1$ 时刻第 i 个点的回归数据，Q 为转移过程误差，如果 after_data[i,t]与 r_data[i,$t-1$]相差过大，Q 取一个较大值，反之，取一个较小值。R 为测量误差，如果 after_data[i,t]原本是缺失的，R 取一个较大值，反之，取一个较小的。f_data[i,t]为 t 时刻第 i 个点的最佳估计。

8.1.4　实验结果对比

为了验证激光图像预测算法是否能够克服工作面强烈的粉尘干扰、机械振动和电气噪声等问题，选用三次样条插值法为对照法，图像预测算法为实验组进行单变量对比实验，以探究图像预测算法的优化效果。

表 8-1　放煤测试集基本参数

	最大值	最小值	平均值	标准方差
丢点率/%	76	8	38	21
煤流量/($m^3 \cdot s^{-1}$)	0.72	0.06	0.35	0.14
帧数/frames	5512	2322	3451	523
煤流速度/($m \cdot s^{-1}$)	2.11	1.12	1.63	0.23

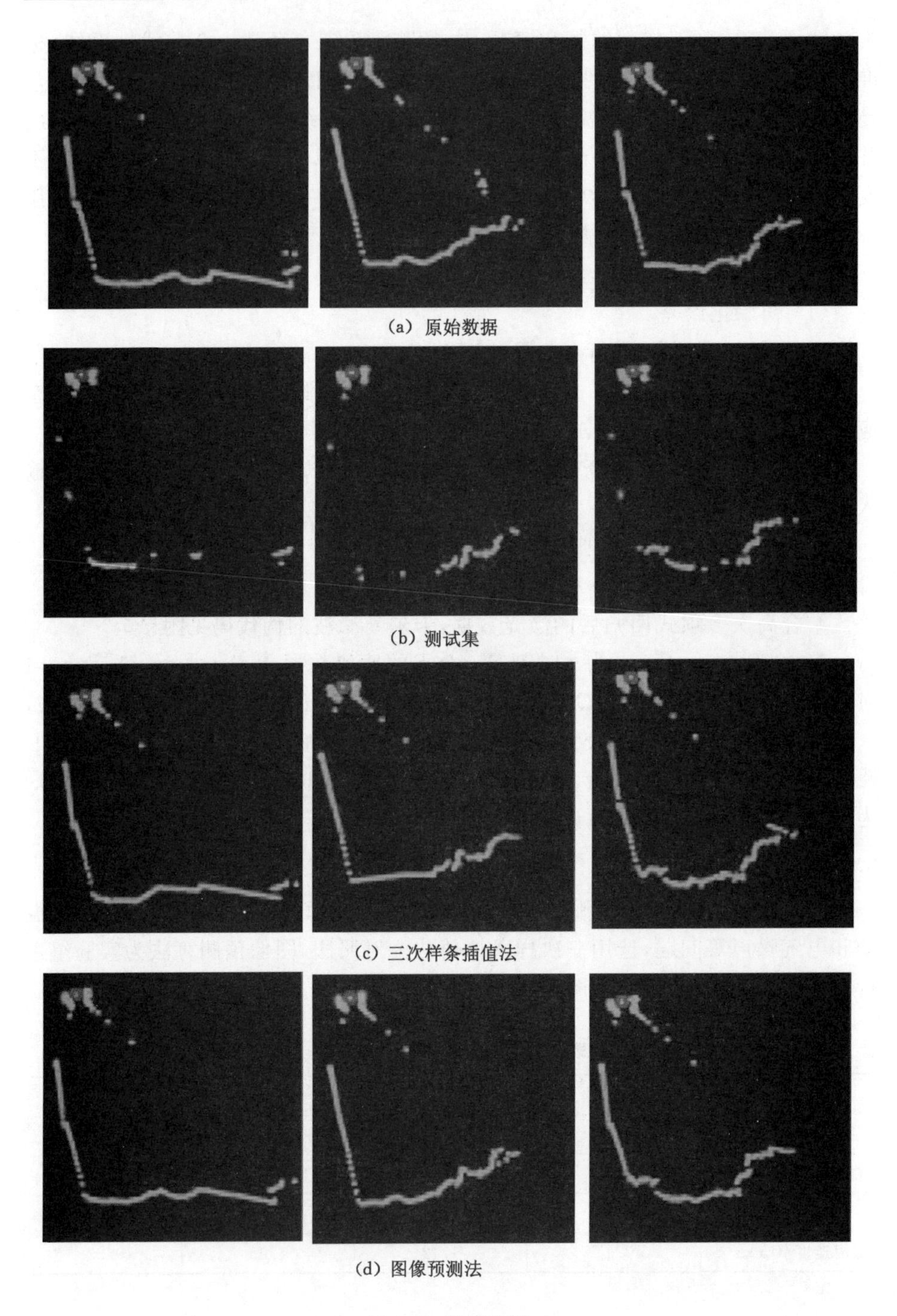
(a) 原始数据
(b) 测试集
(c) 三次样条插值法
(d) 图像预测法

图 8-6　效果比较

图 8-6 中，将完好的原始扫描数据(a)随机地制造丢点和误差作为预测算法测试集(b)，研究图像预测算法的准确率和残差平方，作为衡量图像预测算法效果的标准。其中准确率是指预测点与真值点之间相差不大的点占总数的百分比，残差平方是指每个预测点与真值点之差的平方的平均值。较高的准确率和较低的残差平方可以表明图像预测算法有较好的效果。

表 8-1 给出了该算法所使用的测试集基本参数，验证集数据总数为 21，验证集数据采集于大同塔山煤矿 8222 工作面。

如图 8-7 和图 8-8 所示，对验证集分别使用三次样条插值算法和图像预测算法，以丢点率为自变量，准确率、残差平方为因变量，绘制离散点拟合曲线图。

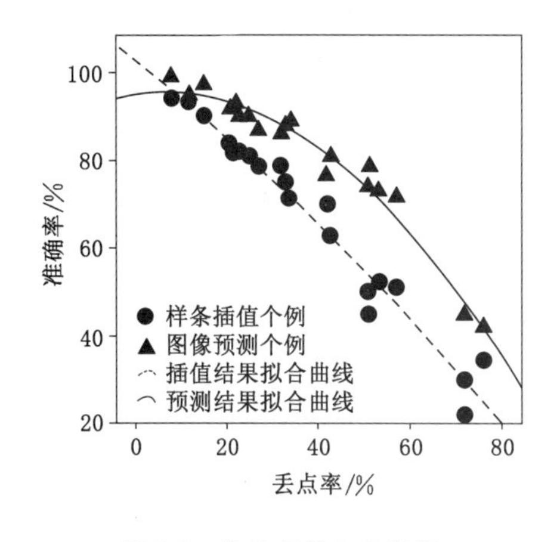

图 8-7　准确率散点曲线图

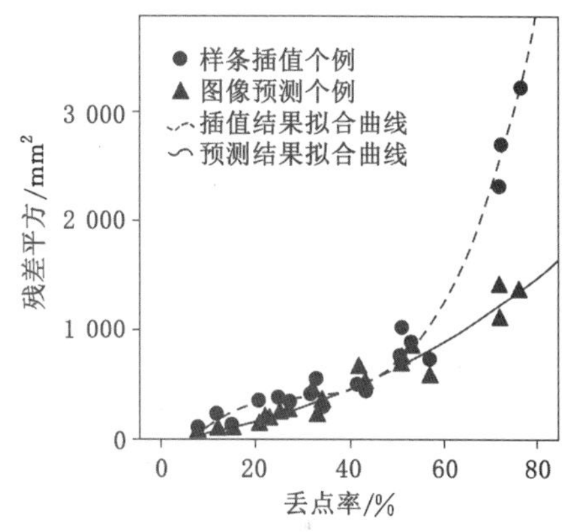

图 8-8　残差平方散点曲线图

在图 8-7、图 8-8 中，随着验证集数据丢点率的升高，两种方法的准确率都有明显的下滑，残差平方有明显的上升趋势，但由拟合曲线可以看出图像预测算法的准确率要高于三次样条插值算法，图像预测算法的平均残差要低于三次样条插值算法。

实验结果表明，图像预测算法对放煤工作面缺失点、异常点的修正和补偿效果优于三次样条插值算法，具有较强的鲁棒性，能够适用于放煤工作面复杂恶劣的环境。

8.2　综放工作面放煤口煤流识别

综放工作面电气噪声嘈杂、机械振动剧烈、粉尘飘扬，通过激光雷达多次时间序列扫描，结合激光图像预测方法，可以有效降低高斯噪声、避免环境干扰，构建综放工作面点云图像。然而，为了进一步获取综放工作面煤流数据，还需要对综放工作面点云图像进行分析。

由于综放工作面点云图像包含了放煤煤流数据、刮板机数据以及其他干扰物数据等,使用传统的数据分割方法,很难将煤流数据从成分混杂的点云图像中识别出来。所以,构建一种综放工作面放煤煤流模型,结合高效的点云图像算法,实时有效地对煤流点云进行识别和分离,是有深层价值和潜在意义的。

在对煤流数据进行分析的过程中,发现煤表面的曲线法线向量与非煤表面可能存在差异,需要建立实验对其进行更深一步的分析。表 8-2 中,分别对非煤表面和煤表面的点进行随机采样,并对这些的点法线(x,y,z)做出多变量单因素方差分析。每个类别样本数为 50,总样本数为 100。当显著水平等于 0.10 时,由于 P 值均小于 0.10,拒绝原假设,可以得出煤与非煤的法线向量 x、y、z 均有显著性差异。

表 8-2 多变量单因素方差分析

原假设:煤与非煤的法线向量 x、y、z 没有显著性差异。

		均值	样本总数	方差	p 值
法线向量 x	煤表面	2.81	50	1.44	0.04
	非煤表面	1.20	50	0.56	
	总计	2.13	100	1.22	
法线向量 y	煤表面	3.12	50	0.75	0.09
	非煤表面	1.51	50	0.21	
	总计	2.41	100	0.47	
法线向量 z	煤表面	4.27	50	2.22	0.01
	非煤表面	2.72	50	1.12	
	总计	3.32	100	1.66	

由于煤与非煤表面的法线均有显著性差异,按照法线特征,煤与非煤表面极有可能是可分的。然而,法线向量会随着位姿变换而改变,不具有刚体变换不变性,作为识别特征显然不够稳定。所谓刚体变换不变性,指的是该特征不随传感器的位姿变化而改变。那么,进一步猜想,是否存在一个具有刚体变换不变性的特征,使得煤与非煤点云是可分的,进而对煤流点云进行识别。

8.2.1 FPFH 特征点描述

能用于识别和区分煤与非煤点云的特征,应该能通过周围邻域的描述,使位于相同或相似曲面上的点有足够的相似度,让不同曲面上的点有足够差异(可以用欧式距离或汉明距离来度量这些差异)。一个准确的特征点描述方法,至少要满足以下几个条件：

（1）有足够的信息量来描述点之间的差异。（描述能力强）

（2）保证刚体变换不变性，即数据中的三维旋转和三维平移不应该使特征发生变化。

（3）保证采样密度不变性，即点云的疏密程度不会影响特征。

（4）抗噪能力强。

（5）具有实时性。算法的时间复杂度低，能够高效在线处理数据。

点特征直方图（PFH），是一种描述性较强的特征，可以有效保证刚体变换不变性。其构造规则大致如下：在图 8-9 中，以点 P 为圆心、半径为 R 的球形区域，寻找点 P 的近邻点，建立与周围点 p_1、p_2、p_3、p_4、p_5 的联系，进而形成 PFH 特征。

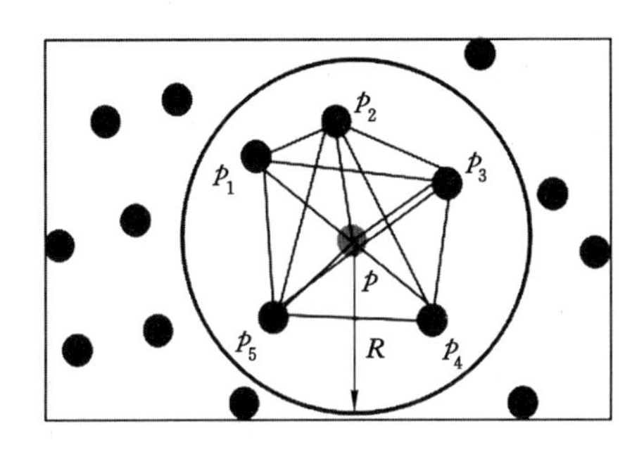

图 8-9　PFH 特征描述

$$v = (p_1 - p_2) \times u \tag{8-31}$$

$$w = v \times u \tag{8-32}$$

在图 8-10 中，以 p_1、p_2 之间建立特征为例，它们之间的特征为 β、α、θ。球体内两点 p_1、p_2 的法向量为 n_1、n_2。以 p_1 法向 n_1 为 u 轴，按公式(8-31)(8-32)建立局部坐标系(LRF) uvw。法向量可按照基于 PCA 的法向量估计求得，因为法向量具有二义性，所以通常规定法线指向模型外侧。

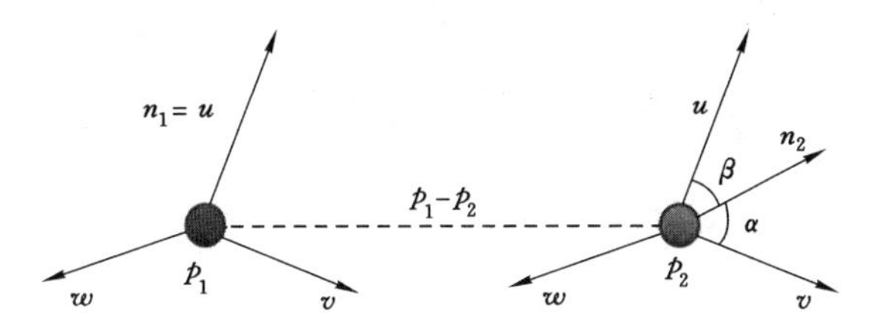

图 8-10　PFH 特征计算

其中 u 与 n_2 的夹角为 β，w 与 n_2 的夹角为 θ，v 与 n_2 的夹角为 α，可以按照式(8-33)、式(8-34)、式(8-35)来计算。

$$\alpha = v \cdot n_2 \tag{8-33}$$

$$\theta = u \cdot \frac{p_1 - p_2}{\| p_1 - p_2 \|} \tag{8-34}$$

$$\beta = \arctan\left(\frac{w \cdot n_2}{u \cdot n_2}\right) \tag{8-35}$$

对球体内任意两点计算 β、α、θ 值，以图 8-9 为例，需要计算 15 次两点之间的 β、α、θ 值，将此每个特征值的取值范围规定为 3 个子区间，一共形成 9 个区间，最后分别统计落入这 9 个区间的数量，形成一个 9 维的直方图作为该点 P 的特征。因为该点 P 将法向量之间的夹角直方图作为特征，与点云的刚体变换无关，所以是一种姿态不变的局部特征量。在点云数量为 N 时，对每个点的 k 近邻进行 PFH 特征描述时，其时间复杂度为 $O(N * k^2)$。虽然 PFH 具有较强的描述性，但其时间复杂度太高完全不能被接受，必须要找出时间复杂度更低且描述性能不弱于 PFH 的方法。

快速点特征直方图(FPFH)是基于 PFH 提出的改进算法，该方法由 Rusu 等在 2008 年提出，将传统 PFH 的时间复杂度降低为 $O(n * k)$。以图 8-11 为例，k 取为 5，首先计算 P 点与其他 5 点的 β、α、θ 特征值直方图，记为 SPFH(P)，然后再计算其他 5 点与它们的邻近点之间的 β、α、θ 特征值直方图。并按照公式(8-36)最终得到加权后的 FPFH 值，其加权的意义在于对特征进行一次平滑，其中 ω_i 为 P 点到 p_i 的欧式距离：

$$\text{FPFH}(P) = \text{SPFH}(P) + \frac{1}{5}\sum_{i=1}^{5} \frac{1}{\omega_i}\text{SPFH}(p_i) \tag{8-36}$$

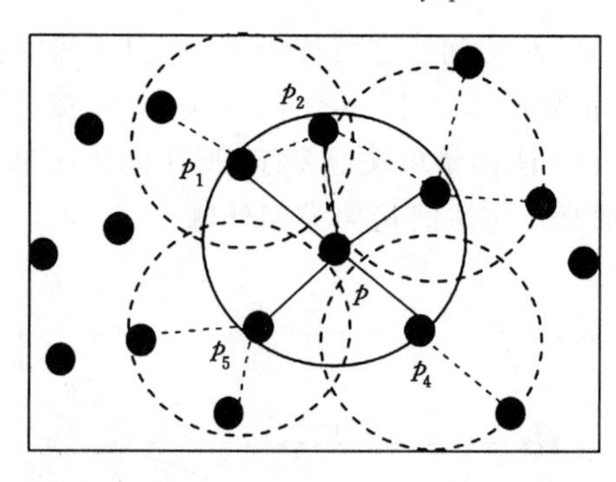

图 8-11 FPFH 特征计算

实际情况中，各点 k 的取值差异很大，因为这是由半径 R 决定近邻点的数

量 k,所以当采样密度和半径 R 都很大的情况下,k 的值也很大。贾薇等人曾指出在邻域半径 R 较小时,提取 FPFH 特征点的效果不好;在邻域半径 R 较大时,提取 FPFH 的特征点效果趋于稳定。整体来说,当 $k=35$ 时,可以得到较理想的特征点提取效果。

8.2.2 基于机器学习的煤流识别

煤流点云识别的问题实际上为机器学习的二分类问题,需要把所有点云按照特征分为非煤流和煤流两类。因为该问题是机器学习的经典问题,常见的机器学习方法足够完成这项工作,不需要更复杂的现代深度学习方法来进行处理。

(1) Adaboost 原理

以 adaboost 方法为例,对煤流点云数据进行训练和识别。

adaboost 是一种集成学习方法,通过众多的加权弱学习方法可以得到精度更高的强学习方法,在提出的十几年间,机器学习领域的众多专家都不断对其展开研究,而 adaboost 的重要性不仅在于它是一种性能出色的学习算法,还在于它让 boosting 问题得到了真正的解答。

所谓 boosting 问题,是 1988 年 kearns 等提出的一个问题:“弱可学习是否等价于强可学习”,其中,弱学习算法指的是比随机猜测略好的学习算法,对于二分类问题,一个弱学习算法的分类正确率应该恒大于 0.5。对 boosting 问题的肯定解答,意味着只要找到弱学习算法,便能构建精度更高的强学习算法,这对于机器学习而言是有着巨大的意义。最终,Schapire 解答了该问题:一个概念是弱可学习的,当且仅当它强可学习的,对 boosting 问题做出了回答。

在更深层次的 boosting 问题研究过程中,Freund 等发现:在线分配问题和 bossting 问题之间有着极大的相关性,他们将加权投票的相关研究融入在线分配问题中,得到了真正的 adaboost 的算法。

adaboost 的分类模型大致为:

$$G(X)=sign(\alpha_1 G_1(X)+\alpha_2 G_2(X)+\alpha_3 G_3(X)+\cdots+\alpha_n G_n(X)) \quad (8\text{-}37)$$

其中 $G(X)$ 为 adaboost 分类方法,输入特征为 X,输出为类别(一般用 1 代表正样本,-1 代表负样本),$G_i(X)$ 为第 i 个弱学习分类方法,α_i 为分类器权重,sign 为符号函数。需要指出 x 为 m 维向量,其值可以表示为($x_1, x_2, x_3, \cdots, x_m$)。

$$G_i(X)=\begin{cases}1 & x_s > T \\ -1 & x_s \leqslant T\end{cases} \quad (8\text{-}38)$$

公式所示,$G_i(x)$ 可以是一个单层决策树,T 为阈值,x_s 为向量 x 第 s 维的值。$G(X)$就是传统的 adaboost 方法。当 $G_i(X)$是一个多层的 cart 回归树时，$G(X)$就是比较流行的梯度提升树，是 adaboost 的变种之一。选择哪一种方法作为弱学习分类方法，不会影响到 adaboost 的理论基础，只会关系到模型收敛的快慢、准确率以及召回率等。由于煤流识别问题是一个基本的二分类问题，选择单层决策树作为弱学习分类方法，其性能完全可以解决煤流识别问题。

adaboost 机器学习方法的模型训练流程如下：

① 初始化每个样本$\{X,Y\}$对应的样本权重 μ，$\mu=1/N$，其中 N 为样本总数，Y 为类别，对于煤流识别问题，1 代表煤，−1 代表非煤。

② 对 N 个样本进行第 i 次迭代计算：

A. 确定当前弱学习分类器的阈值 T，选择所有维度中某一个 T 值使误分类率 R 最小，若 R 值变化不大，跳出迭代，提示模型可能收敛。

$$R(T)=\sum_{j=1}^{N}\mu_j(1-G_i(X_j)Y_j) \tag{8-39}$$

B. 定义该弱分类器权重 α_i。

$$\alpha_i=\frac{1}{2}\lg\frac{1-R(T)}{R(T)} \tag{8-40}$$

③ 更新强分类器。

$$G(X)=G(X)+\alpha_i G_i(X) \tag{8-41}$$

④ 更新每个训练样本权重。

$$\mu_j=\frac{\exp(-G(X_j)Y_j)}{\sum_{j'=1}^{N}\exp(-G(X_j{}')Y_j{}')} \tag{8-42}$$

满足模型收敛条件时，得出最终 adaboost 分类器：

$$G(X)=\mathrm{sign}(G(X)) \tag{8-43}$$

其中，需要指出 adaboost 存在损失函数，其损失函数为：

$$L=\sum_{j=1}^{N}\exp(-G(X_j)Y_j) \tag{8-44}$$

关于 adaboost 的损失函数具体原理以及误差分析等，曹颖等人已经给出了详细的证明，这里不再赘述。为了预防 adaboost 过拟合，也可以加入正则化项，将步长 v 作为正则化，可以将式(8-41)改写为式(8-45)：

$$G(X)=G(X)+v\alpha_i G_i(X) \tag{8-45}$$

v 可以取为 1 到 0，较小的 v 意味着需要更多的弱学习迭代过程，会大大增加训练时间。而且由于 adaboost 本身不易过拟合，所以一般很少需要对其进行正则化操作。

Opencv 库中提供了 adaboost 分类器的 C＋＋类，因此不必去重复编写和实现 adaboost 机器学习算法,该类的构造函数为 CvBoostParams(int boost_type, int weak_count, double weight_trim_rate, int max_depth, bool use_surrogates, const float * priors)。

boost_type:为分类器类型,可以使用经典的 adaboost 方法,也可以使用混合式的方法。

Weak_count:指出了弱分类器的个数。当弱分类器个数达到一定时,该模型默认收敛,与本章的收敛条件不同。

weight_trim_rate:权重修正率,可以设为 0.95。

max_depth:最大步长,也就是步长 v 的最大值。

除此以外的其他参数对 adaboost 分类结果影响不大,可以不用设置。

(2) 识别模型优化

仅仅通过机器学习方法,很难完成分离煤流的任务,通常还需要借助其他流程和特征提取方法来对每个点进行分类。整个流程大致如下:

图 8-12 中,整个流程包含两部分,分别为识别过程、模型训练过程。

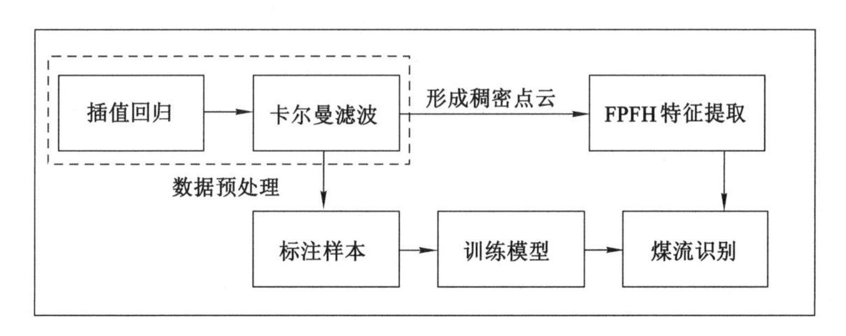

图 8-12　煤流点云识别流程

在煤流点云识别过程中,先对数据进行缺失检查,利用插值算法补全数据,依照假设(1)对数据进行高次多项式回归,达到消除高斯噪声和随机误差的目的。然后,按照马尔可夫模型无后效性和观测独立性,根据卡尔曼滤波推断当前激光测距图像。其中插值回归和卡尔曼滤波是算法的数据预处理部分。其次,按照时间序列对多时刻的激光点数据进行拼接,形成放煤工作面的三维稠密点云图像;最后,对点云图像进行 FPFH 特征提取,并交给煤流模型进行分类。

在训练过程中,先对数据进行预处理,达到平滑数据和消除噪声的目的。然后,对事先已知类别的数据进行标记。最后,将数据的特征作为输入,类别作为输出,传递给参数合理的机器学习模型进行训练,得到训练好的煤流识别模型。

为了保证识别模型不受点云位姿变换的影响,选用 FPFH 特征作为输入,类别为煤(1)、非煤(—1)。

提取特征点过程中，FPFH 的 β、α、θ 值各取 5 个子区间，范围为 0～180°，半径 R 设为 5 cm，总共有 15 个维度。

表 8-3 所示，对点数量为 N 的样本点云进行特征提取，形成了 N 个 15 维的 FPFH 特征 X，由于该数据为直方图特征，各值范围为[0,1]，可以不用进行归一化处理。当该点在煤的表面上时，将此类标记为 1，属于煤；当该点不在煤的表面上时，将此类标记为−1，属于非煤。

表 8-3　FPFH 特征提取及分类

序号	x_1	x_2	x_3	…	x_{15}	类别
X_1	0.025	0.034	0.123	…	0.211	1
X_2	0.122	0.112	0.134	…	0.021	−1
⋮	⋮	⋮	⋮	⋮	⋮	⋮
X_N	0.121	0.228	0.233	…	0.091	1

训练过程中，将以上训练样本作为训练模型的输入，当弱学习分类器达到一定数目时，adaboost 训练模型被认为已收敛，训练好的 adaboost 模型可以直接用来识别煤流。识别过程中，以点的 FPFH 特征作为煤流识别模型的输入，输出应该为该点的类别(1 或−1)。

在煤流区域中可能存在零星的非煤点，在非煤流区域中可能存在零星的煤点，不符合假设(2)，偏离实际情况。造成这种情况的原因有两点，一是 FPFH 特征提取过程中引入了噪声，二是识别模型过拟合或者欠拟合，可以通过平滑 FPFH 特征和 adaboost 模型调参、损失函数正则化来解决。

当以上几种方法效果不尽如人意时，如公式(8-46)所示，可以运用 K 近邻加权平滑的方法来改善识别结果。其中 Y' 为某点的平滑后识别结果，Y_i 为距离某点最近的第 i 个点的识别结果，ω_i 为加权系数。ω_i 可以取某点到最近的第 i 个点的距离的反比。

$$Y' = \mathrm{sign}(\sum_{i=1}^{k} \omega_i Y_i) \tag{8-46}$$

加权平滑后的识别结果是由邻域的点确定的，其加权系数 ω_i 是由距离反比决定，距离越远，加权系数越小，其他因误差或者噪声而分类错误的点也被正确划分。

8.2.3　交叉实验验证

交叉验证指的是将大量原始数据进行多次分组，大部分作为训练集来训练模型，另外一小部分留做验证集来评价模型性能。这样分组训练实验求取量化指标的操作，可以多次获得量化指标，实验效果远远强于用全部数据进行训练的实验。因此，交叉验证的好处在于从有限的数据中尽可能地提取出有用信息，也可以在一定程度上减小训练过程中产生的过拟合现象。

为了衡量煤流识别模型的识别能力，需要设计公平的分组算法来产生多样化的点云数量，结合交叉验证的方式充分利用样本，对比单纯使用 adaboost 方法的识别模型，综合多个量化指标对改进后的煤流识别模型做出全面客观的评价。

(1) 分组算法的公平性

表 8-4　交叉验证分组

序号	煤流点云数	非煤流点云数	总点云数
1	561	1 782	2 343
2	1 233	4 531	5 764
3	2 452	7 723	10 175
4	721	1 788	2 509
5	877	2 344	3 221
6	1 346	4 521	5 867
7	781	3 421	4 202
8	856	3 323	4 179
9	1 972	7 723	9 695
10	1 442	5 568	7 010

对点云总数为 60 000 的点云进行分组，将点云平均分组会造成样本数量不够多样化导致实验结果有偏差，最好分为数量不等的点云数据。一方面，为了避免因为训练样本数量过小产生的过拟合现象，分类方法不应该使某个分组包含的点云数目过小；另一方面，为了保证实验的严密性，分组规则要对每组样本都足够的公平，即分组的先后次序对样本数量没有影响。张志雄等人详细研究了微信红包算法，通过大量模拟实验和正态性检验，发现对于一个固定金额的红包，抢红包的先后次序对抢到的金额多寡没有影响，在红包份数较少的情况下，其期望基本相同，方差相差不大。若把点云总数看为红包总金额，组数看为红包份数，每组点云数量看为每个红包金额，该算法较符合分组提出的要求，可以将其应用到交叉验证的分组算法中。其具体算法见附录 3。

首先，对分组参数进行初始化，分组数量 g_num 为 10，点云总数 t_point 为 60 000，为了防止分组时产生一个点云数量太少的组数，设置一个点数量下限

min;然后,按序号顺序确定第 i 组点云数量,如公式所示(8-47),点云上限 $\max_i$ 为剩余均值的 2 倍,第 i 组点云数量 g_point[i]服从最大值 max 到最小值 min 的均匀分布。

$$\max_i = 2 * \frac{60\ 000 - \sum_{j=1}^{i-1} g\_point[j]}{N - i + 1} = \frac{2 * t\_point}{N - i + 1}$$

$$g\_point[i] \sim U(\max, \min) \tag{8-47}$$

为了进一步研究该分组方法是否公平有效,对每组的点云数量的均值和方差进行考量,分别试验 10 次、20 次、100 次、250 次、500 次等。其参数 min、g_num、t_point 为固定值,分别设为 625、10、60 000。

图 8-13 为分组后点云数量概率密度分布。点云数量为 2 000 到 3 000 的组产生的最多,占到总数的十分之一,点云数量为 2 000 到 13 000 的曲线分布与高斯分布相近,可以看出,该分组方法不易产生点云数量极大或数量极小的组造成欠拟合或过拟合,又能够生成多种点云数量不同的组保证样本数量多样性。

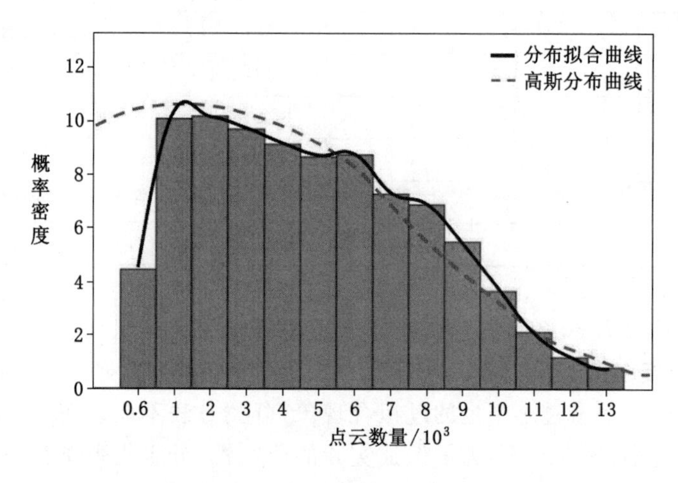

图 8-13　点云数量分布

由图 8-14 可以看出,试验次数较少时可能存在一些偶然性,每组点云数均值波动范围较大,随着试验次数增加,各组点云数均值开始慢慢趋于平稳维持在 6 000 附近,方差也逐渐变小平衡在 100 左右。这些试验证明了该分组算法对每组数据都足够公平,分组的先后次序不会影响点云数量的平均期望,能保持所有组的点云数均值维持在同一个水平下。另一方面,后 5 组的方差明显高于前 5 组,说明了后 5 组的点云数波动较大,容易产生一些较大和较小点云数,但不影响分组算法的公平性。

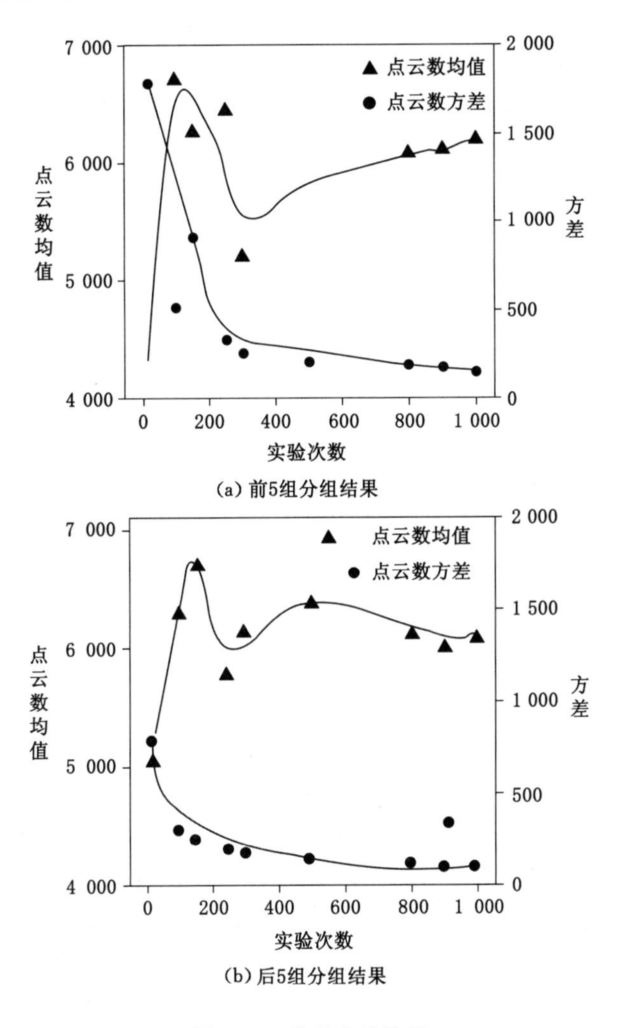

(a) 前5组分组结果

(b) 后5组分组结果

图 8-14　分组实验结果

(2) 度量值的合理性

精确率和召回率是统计学中的两个度量值，一般用来评价统计模型的好坏。对于一个典型的二分类问题，针对分类结果，精确率是分类为正的正样本与分类为正的总样本之比，精确率越高意味着模型分辨正例与负例差异的能力越强，公式(8-48)为精确率的表达式，其中 TP 为识别为正例的正例，FP 为识别为正例的负例。召回率是分类为正的正样本与正样本总数之比，召回率越高意味着模型对正例的容纳和回收能力越强，公式(8-49)为召回率的表达式，其中 FN 为识别为负例的正例。高召回率与高精确率意味着模型有着高的泛化能力，高的泛化能力指的是模型识别结果的低方差与低偏差。然而，实际情况中，高召回率常常伴随着低精确率，高精确率也常常伴随着低召回率，单单通过高召回率与精确率无法描述模型的泛化能力。因此，一种能够量化描述模型泛化能力的方法是很重要的。

$$\text{Pec} = \frac{TP}{TP + FP} \tag{8-48}$$

$$\text{Rec} = \frac{TP}{TP + FN} \tag{8-49}$$

$$\text{Accuracy} = \frac{TP + TN}{TP + FN + FP + TN} \tag{8-50}$$

6-score 是一种能够量化描述模型泛化能力的指标，但该方法也有一定局限性，只能用于衡量二分类模型的辨别力，不能直接用于多分类或回归问题中。煤流识别问题本质上是二分类问题，所以不用考虑 F-score 的局限性。F-score 采用了公式(8-51)的形式，该形式本质上是召回率和精确率的调和平均数，所谓调和平均数是指各统计量的倒数之和的平均值倒数，主要用来解决总体样本数量未知，但某些统计量已知，求取两个统计量或多个统计量之间的近似平均值。

$$\text{F-score} = \left(\frac{\text{pec}^{-1} + \text{rec}^{-1}}{2}\right)^{-1} = \frac{2\text{pec} * \text{rec}}{\text{pec} + \text{rec}} \tag{8-51}$$

$$\text{F-score} = \frac{(\beta + 1)\text{pec} * \text{rec}}{\beta * \text{pec} + \text{rec}} \tag{8-52}$$

若更关注模型的精确率，希望得到更加精确的分类模型。仅仅使用召回率和精确率的调和平均数不能够满足要求，因此，召回率和精确率的加权调和平均数被提出。公式(8-52)所示，为 F-score 的加权形式，加权系数 β 越小，精确率在 F-score 中所占比重越大。当加权系数 β 为 1 时，为式(8-51)所示的典型的调和平均数。

此外，为了增强 F-score 泛化能力指标的说服力，将充分验证 F-score 泛化能力指标的合理性。图 8-15 中，使用表 8-4 分组后点云数据进行了 10 次煤流识别的验证实验，用于验证 F-score 的合理性。图中包含了召回率、精确率、F-score 以及准确率直方图，其中召回率、精确率、F-score、准确率的计算如式(8-48)(8-49)(8-50)、(8-52)所示，F-score 的加权系数 β 取 1。由图看出，F-score 维持在 0.75 水平下，准确率稳定在 0.9 水平下。

$$r = \frac{N\sum x_i y_i - \sum x_i \sum y_i}{\sqrt{N\sum x_i^2 - \left(\sum x_i^2\right)}\sqrt{N\sum y_i^2 - \left(\sum y_i^2\right)}} \tag{8-53}$$

表 8-5 中，利用 pearson 相关系数来检验各个指标之间的相关性。公式(8-53)为 pearson 相关系数 r 计算公式，x_i、y_i 为两变量 x、y 中的第 i 个样本，Pearson 相关系数可以较好地衡量两变量之间的线性相关性。召回率与精确率呈现弱负相关性，两者之间不存在线性关系。F-score 与准确率、召回率的相关性都呈现强正相关，结合式(8-52)说明了 F-score 能够同时反映模型的准确率、召回率以及精确率三个属性，是一种合理的泛化能力指标。

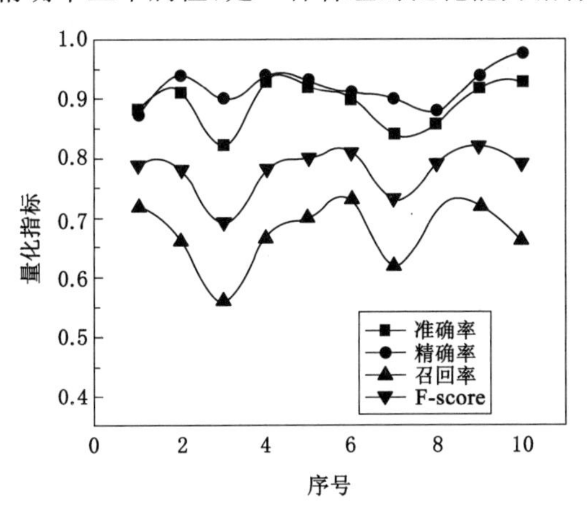

图 8-15　量化指标曲线图

表 8-5　量化指标相关性

名称	精确率	召回率	准确率	F-score
精确率		−0.06	0.726	0.278
召回率	−0.06		0.575	0.942**
准确率	0.726*	0.575		0.798*
F-score	0.278	0.942**	0.798*	

*：相关系数为 0.6～0.8，两变量之间存在强正相关性。

**：相关系数为 0.8～1.0，两变量之间存在极强正相关性。

(3) 交叉验证对照实验

为了评价本章的煤流识别模型的泛化能力，选用只使用 adaboost 方法的煤流识别方法作为对照组。该对照组不使用文中的图像预测方法和 FPFH 特征提取方法，直接使用 adaboost 进行训练，实验组将使用图像预测方法和 FPFH 特征提取方法。

图 8-16 为煤流识别的交叉验证流程图，主要分为三个部分：点云分组、数据

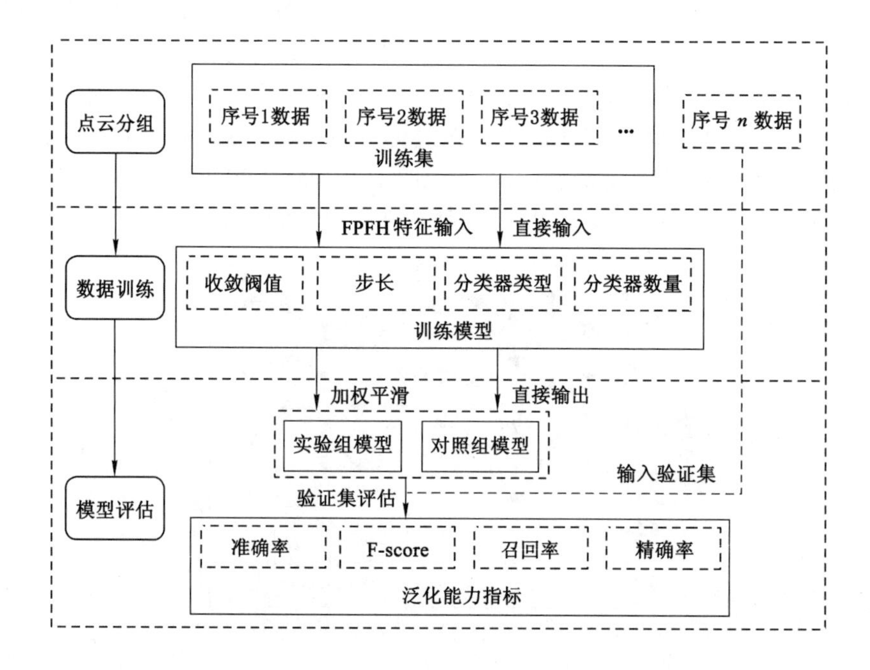

图 8-16　交叉验证流程

训练和模型评估。首先，对点云数据进行分组，分为十组数据，留一组数据作为验证集，其他几组作为训练集。然后，将训练集输入到 adaboost 模型中，实验组将 FPFH 特征输入到模型中，对照组不做处理直接输入到模型中，模型的其他参数收敛域值、步长、分类器类型、弱分类器最大数量分别设为 0.01、1、单层决策树、100；最后，实验组识别模型经过加权平滑改进，对照组模型则直接输出，利用验证集对识别模型整体进行泛化能力指标评估。该实验要进行 10 次，对泛化能力进行 10 次评估，每组数据都有机会作为验证集，因此，能够充分利用数据，整体效果优于单次数据训练实验。

本次交叉验证对照实验选用表 8-4 中的分组数据。图 8-17，为交叉验证结果曲线图。实验结果主要取决于之前确定的泛化能力指标 F-score，以其他指标为辅。图 8-17(d)为 F-score 曲线图，可以看出在大多数实验中实验组的 F-score 分数都要高于对照组，图 8-17(a)(b)(c)辅助判断出实验组得分也基本要高于对照组。在表 8-6 和表 8-7 中，10 组交叉验证实验中，实验组的召回率、精确率、F-score以及准确率均高于对照组。综合以上图表数据，可以认为实验组模型的泛化能力整体优于对照组。

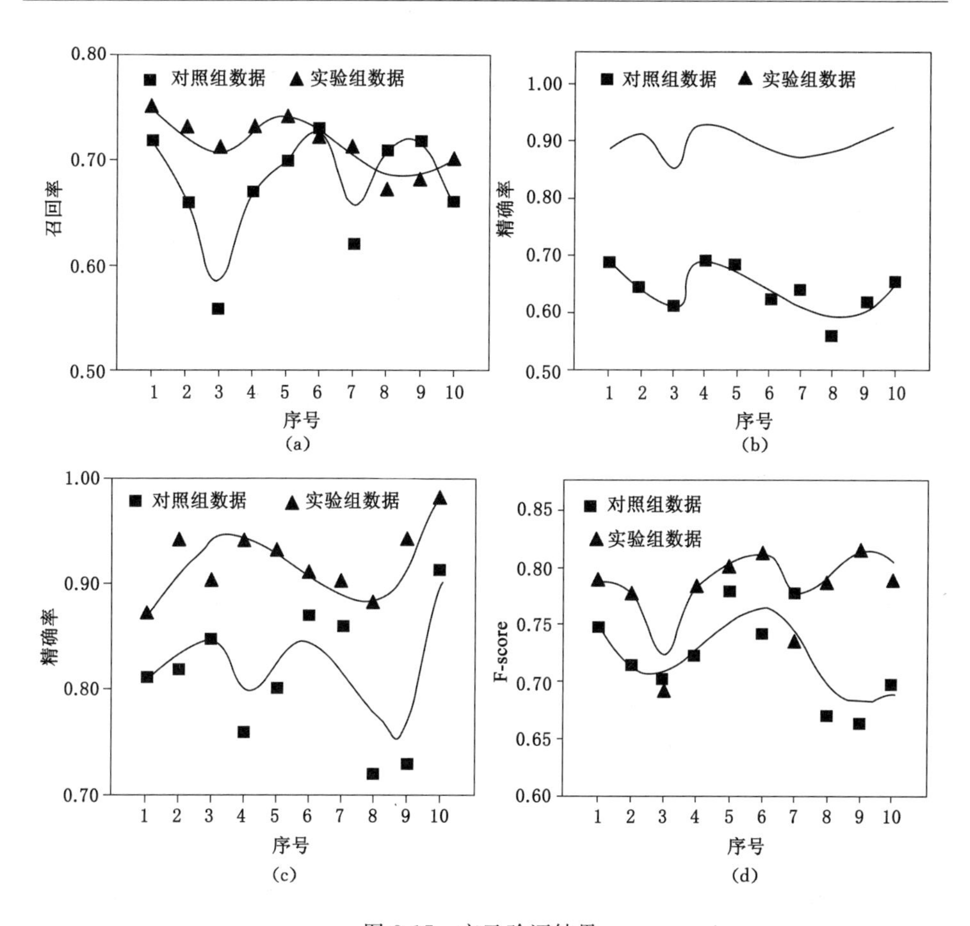

图 8-17　交叉验证结果

表 8-6　实验组煤流识别结果

序号	召回率	精确率	准确率	F-score
1	0.72	0.87	0.86	0.79
2	0.66	0.94	0.92	0.78
3	0.56	0.90	0.83	0.69
4	0.67	0.94	0.92	0.78
5	0.70	0.93	0.91	0.80
6	0.73	0.91	0.90	0.81
7	0.62	0.90	0.85	0.73

表 8-6(续)

序号	召回率	精确率	准确率	F-score
8	0.71	0.88	0.86	0.79
9	0.72	0.94	0.92	0.82
10	0.66	0.98	0.93	0.79

表 8-7　对照组煤流识别结果

序号	召回率	精确率	准确率	F-score
1	0.69	0.81	0.75	0.75
2	0.65	0.82	0.71	0.73
3	0.61	0.85	0.70	0.71
4	0.70	0.76	0.72	0.73
5	0.69	0.80	0.78	0.74
6	0.62	0.87	0.74	0.72
7	0.64	0.86	0.78	0.71
8	0.56	0.72	0.67	0.67
9	0.62	0.73	0.66	0.68
10	0.66	0.92	0.70	0.70

图 8-18 为实验组和对照组的煤流点云识别结果，深灰色点云被分类为煤流区域，浅灰色点云被分类为非煤流区域，左图全部为对照组的煤流分类效果图，右图全部为实验组的煤流分类效果图。一方面，结合(a)(b)(c)可以看出，由于对照组未经过预测算法处理，点云图像存在一些噪声和不规则毛刺，这些噪声对后续的识别造成了一定影响，而对于实验组，其点云图像光滑且稳定，明显更有利于煤流识别；另一方面，对照组直接使用点云数据的三维数据作为训练模型的输入，一些明显不是煤流的区域被错误分类，而实验组由于使用点云数据的 FPFH 特征作为训练模型而输入，识别结果较为稳定，较贴合放煤工作面的实际放煤情况。

结合曲线图、表、点云图，可以看出所提出的煤流识别算法整体优于只使用 adaboost 的煤流识别算法。从 F-score、准确率等参数，得出该算法识别精度较高，泛化能力评价较佳，能够适用于放煤工作面的复杂工况，大大提高了整个煤流监控系统的智能化程度，更有效保证了放煤工作面的安全生产。

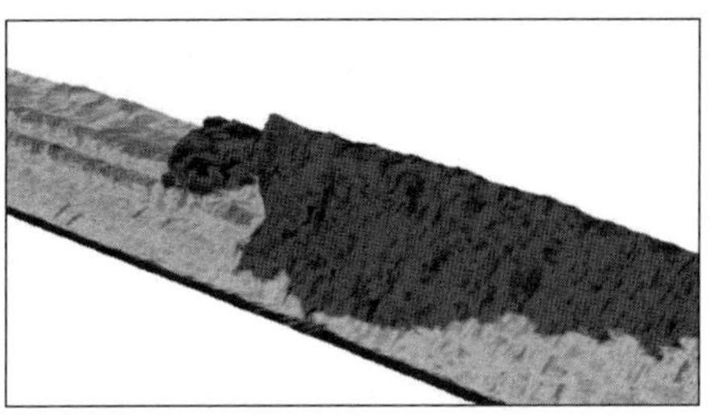

(a) 序号3点云

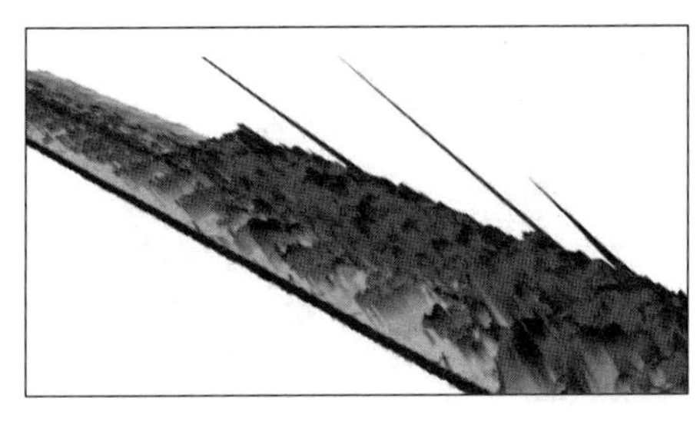

(b) 序号6点云

(c) 序号9点云

图 8-18　点云分类结果

8.3　基于微元法的放煤量计算

基于 adaboost 的煤流点云识别方法，可以从庞杂的点云数据中分离出非煤流点云与煤流点云，构建综放工作面放煤量三维模型，但是并没有解决放煤量的数据计算问题。因此，本章结合分离出来的煤流点云，提出了基于微元法的放煤量计算方法。

在计算放煤量之前，需要提取出空载时刻刮板机的二维轮廓。由于刮板机点云占非煤流点云的成分最多，可以直接从非煤流点云中提取出刮板机。

图 8-19所示，直接将(a)中浅灰色的非煤流点云投影在二维平面上，并按照 3σ 原则剔除噪点，最终得到空载刮板机二维轮廓(b)。如式(8-54)所示，为非煤流点云的投影方式，将非煤流点云集合 Ω 直接映射到平面集合 Ω' 中，其中 l 为识别标记，1 表示该点属于煤流集合，0 表示该点属于非煤流集合。

(a) 综放工作面点云

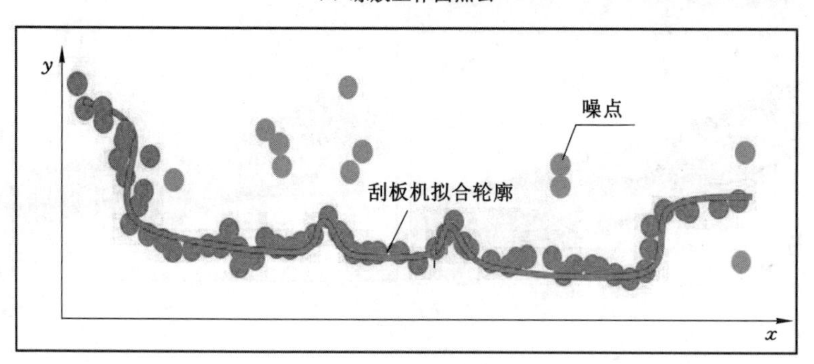

(b) 刮板机轮廓投影

图 8-19 刮板机轮廓提取

$$\Omega = \{(x,y,z,l) \mid l = 0\} \rightarrow \Omega' = \{(x,y,l) \mid l = 0\} \tag{8-54}$$

如图 8-20 所示，利用三角微元法可以求取放煤量体积，三角微元法的本质是选取三角片作为微元，化整为零，逐步分割物体，无限逼近体积，最终达到求解目标体积的目的。其中 d_i 为第 i 个刮板机扫描数据点距离，D_i 为第 i 个煤堆扫描数据点距离，β 为扫描分辨率角度。

$$S = \frac{1}{2}\sum_{i=1}^{n-1} \sin\beta \cdot (d_i \cdot d_{i+1} - D_i \cdot D_{i+1}) \tag{8-55}$$

$$V = S \cdot u \cdot t \tag{8-56}$$

在三角微元法中，煤堆横截面面积 S 按公式(8-55)计算，n 为煤堆的总扫描点数。从刮板机编码器获取刮板机速度代替煤流速度 u，最后由公式(8-56)完成煤量 V 的计算。

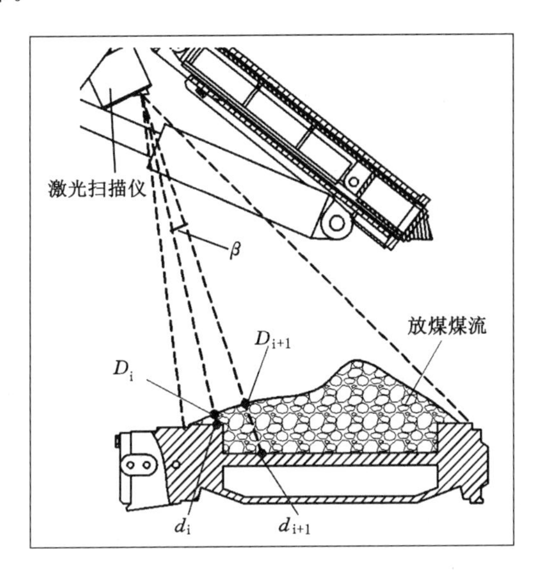

图 8-20　三角微元法示意图

选择扇形圆作为微元时，也可以求取放煤量体积。如式(8-57)所示，为基于扇形圆微元法的煤流横面积的定积分求法，在离散计算中，可以转换为式(8-58)。

$$S=\int(d^2-D^2)\mathrm{d}\beta \tag{8-57}$$

$$S=\sum_{i=1}^{n-1}\beta\cdot(d_i^2-D_i^2) \tag{8-58}$$

表 8-8　两种微元法体积测量结果

序号	真实体积	三角微元法体积	扇形微元法体积
1	0.031 m^3	0.032 m^3	0.037 m^3
2	0.033 m^3	0.034 m^3	0.040 m^3
3	0.056 m^3	0.060 m^3	0.062 m^3
4	0.075 m^3	0.081 m^3	0.082 m^3
5	0.087 m^3	0.090 m^3	0.088 m^3

表 8-8(续)

序号	真实体积	三角微元法体积	扇形微元法体积
6	0.112 m^3	0.108 m^3	0.121 m^3
7	0.121 m^3	0.130 m^3	0.130 m^3
8	0.134 m^3	0.141 m^3	0.140 m^3

为了评价两种不同微元法的体积测量计算效果，选择真实体积已知的煤堆作为体积测量对象，煤堆的真实体积通过量筒排水法测定，来分析两种算法的计算误差，其中速度 V 设定为 30 cm/s，量筒的测量精度为 100 cm^3，所测量煤块的最大体积为 0.01 m^3，最小体积为 0.001 m^3。

在表 8-8 中，三角微元法和扇形微元法的体积基本上都大于煤堆的真实体积。造成测量体积偏大的原因，一方面是激光雷达本身存在±3%的测量精度误差，另一方面是煤块与煤块之间存在空隙。

图 8-21 为体积测量误差的曲线图。由图可看出，两种方法的测量误差相差不大，测量绝对误差为 0.01～0.09 m^3，相对误差为±3%～7%，三角微元法的曲线基本在扇形微元法之下，具有更好的测量效果。因此，在基于激光扫描的测量中，三角微元法具有比扇形微元法更好的稳定性，更适用于煤堆的体积测量。

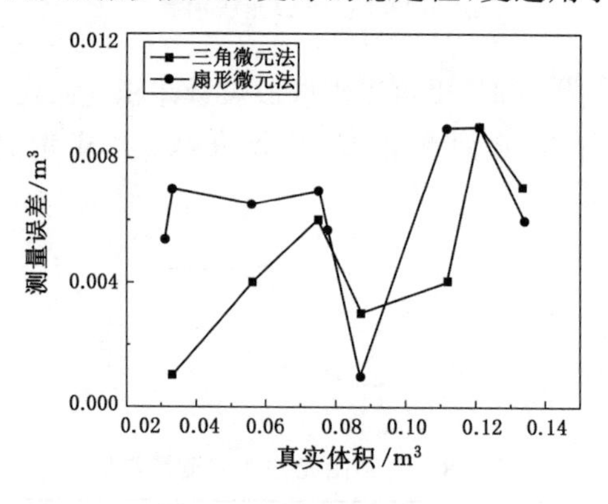

图 8-21 测量误差结果

8.4 上位机内部逻辑与功能设计

图 8-22 为放煤监测系统的扫描流程图。首先，传感器与上位机建立 TCP 通讯连接，并开始测量任务；其次，每一帧扫描时都会检查是否发生错误，不发生则继续测量，否则进行错误分析；然后，按照错误类别进行相应操作，若发生堆煤

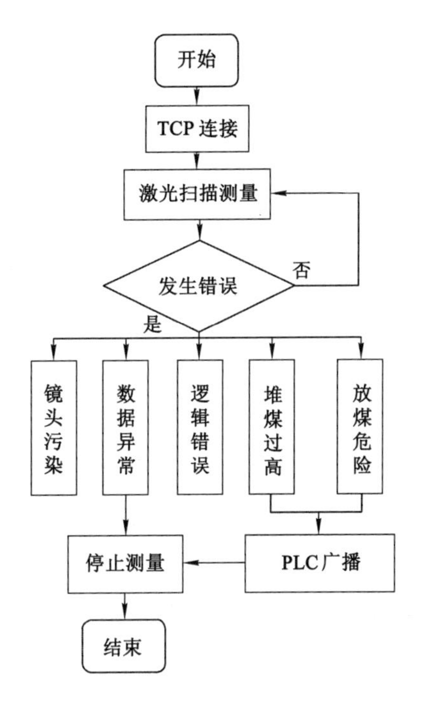

图 8-22　放煤监测系统扫描流程图

过高或放煤危险，则立即 PLC 广播发送预警信息提醒液压支架控制系统进行相应动作；最后，停止测量并排查错误，结束所有流程。

上位机软件的架构目前是单体式的分层架构，包含表现层（前端）、逻辑层以及数据库层。如图 8-23 所示，用户的请求将依次通过这三层的处理，除非有不保存数据的请求会跳过数据库层。

首先，激光扫描仪作为服务端等待上位机回文答复，从而三次握手建立 TCP 连接，从此测量数据开始传输到上位机；其次，当其他命令（比如调整显示比例或要求得到煤流量）发出时，会经过逻辑分析、数据处理和算法分析三个环节，逻辑分析负责检查程序是否按顺序执行，数据处理负责解析激光雷达报文和回复激光雷达，算法分析负责放煤回归和煤量计算，并将正确信息以几何图像的形式显示给用户，这期间若有逻辑错误、数据错误及堆煤过高，则会发出错误代码；最后，正确的测量数据、报错的信息都会按照时间顺序保存在文本或数据库中。

图 8-24 为煤量监测系统上位机软件交互界面，内容包括上位机通讯连接、用户功能及命令窗口、图像窗口、信息窗口、测量数据输出窗口。通讯连接提供了网口通信和串口通信，支持多线程异步通信；用户功能及命令窗口提供了软件基本参数的修改，包括显示尺寸调整、速度设定、读取或保存数据等；信息窗口则提示用户

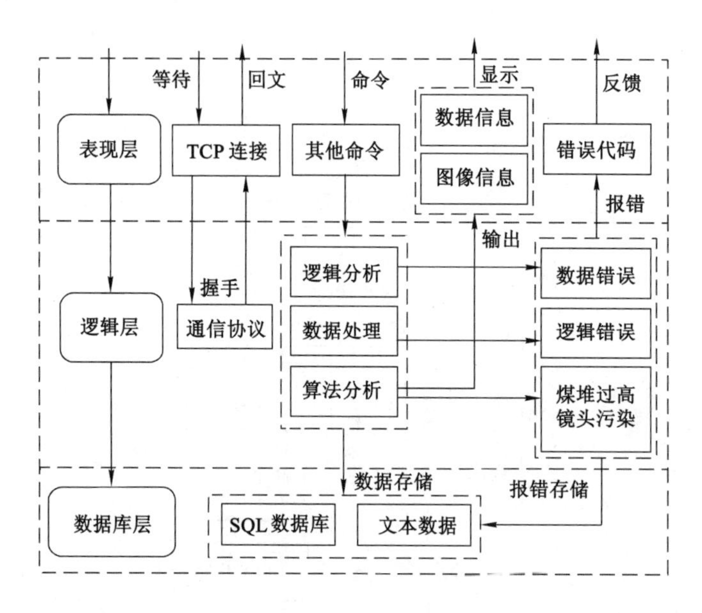

图 8-23　上位机软件架构及程序内部逻辑结构

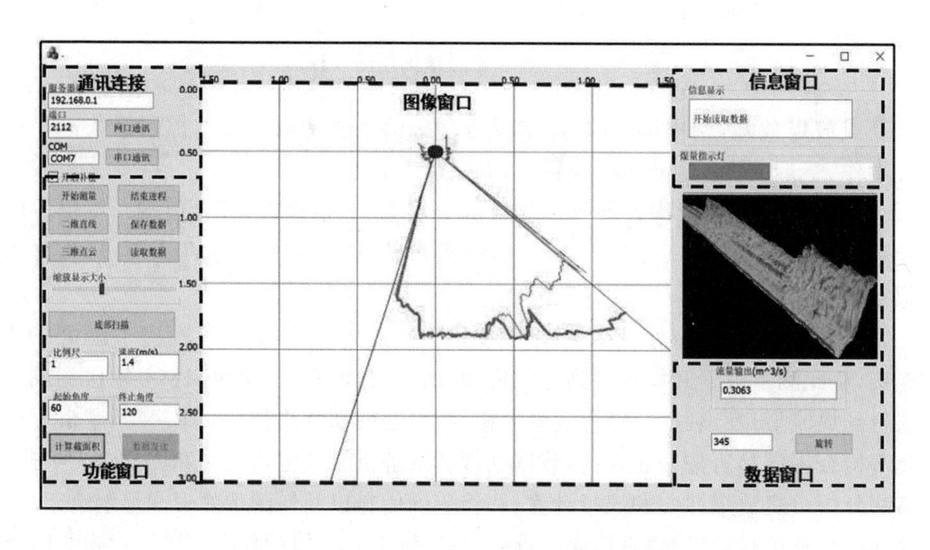

图 8-24　煤量监测系统上位机软件交互界面

当前操作是否合法，引导用户执行下一流程；图像窗口能够显示二维图像以及不规则三角网格化的三维模型；数据窗口则输出准确的煤流量、截面积等。

第 9 章　综放工作面放煤量监测系统试验

综放工作面实际工况较为复杂，存在各种不确定因素，与实验室的模拟环境有较大差别，有可能会造成放煤量监测系统较大的测量误差，甚至难以运行直接崩溃的情形，使得放煤监测系统脱离了综放工作面工况，面临无用武之地的尴尬局面。所以，只有紧密结合实际的放煤工况，才能最大价值地发挥系统的放煤监测作用。因此，结合放煤工作面的实际情况，开展放煤量监测实地试验检验系统的可靠性，分析放煤量监测系统的实际测量误差，探究放煤量监测系统能否适用于综放工作面，是具有实用价值和深层意义的。

为了探究放煤量监测系统能否适用于综放工作面，如研究人员先后于 2020 年 6 月 1 日和 2020 年 8 月 2 日赴同煤集团塔山煤矿 8222 工作面开展了激光扫描放煤量监测系统工业性验证实验，如图 9-1(a)(b)所示。工业性验证试验的主要目的是通过分析实验结果，探究放煤工况下放煤监测系统的可靠性和测量精度。

(a) 样机测试

(b) 设备安装

图 9-1　8222 工作面现场试验

9.1 试验工作面概况

同煤集团塔山煤矿位于山西省大同市大同煤田中东部边缘地带，为低山丘陵地形，井田以高山地层露出多为主要特征。整体态势呈“V”字形冲沟发育，地表最高点为五顶山，海拔高为 1 689.09 m，具有地层倾角大、植被稀少的地理特点。

8222 综放工作面位于塔山煤矿的二盘区西南部，以探测陷落柱外沿和二盘区辅助运输巷道为东南和西北边界。表 9-1 所示，为 8222 工作面主要技术参数，井下标高为 962～1 070 m，工作面埋深大约为 410～620 m，平均埋深为 525 m，整个综放工作面长度为 250 m，推进长度大致为 2 500 m，煤层总厚度约为 15～30 m，预计可采储量为 2 549 万吨，煤层倾角平均为 2°。工作面的主要配套设备中，采煤机为艾柯夫 SL500-3 300 V，截深 0.8 m；后部刮板输送机的主要型号为 PF6/1542，平均链速为 1.54 m/s，槽宽 1 600 mm；顺槽胶带机的型号为 DSJ160/500/5X800，带宽 1 600 mm，平均带速为 4.5 m/s。

表 9-1 8222 工作面主要技术参数

序号	指标名称	指标	单位	备注
1	工作面长度	250	m	
2	采高	2.6	m	
3	工作面推进长度	2500	m	
4	煤层总厚度	15～30	m	平均全煤厚 19.93 m
5	循环产量	664	t	工作面回采率 95%
6	煤层倾角	1～2	(°)	平均倾角为 2°
7	工作面埋深	410～620	m	平均埋深为 525 m
8	可采储量	2 549 万	t	
9	采煤方法	走向长臂、自然垮落或人工强制放顶		
10	后部刮板输送机	型号 FP6/1542、链速 1.5 m/s、变频驱动		
11	顺槽胶带机	型号 DSJ160/500/5X800、带速 4.5 m/s		

8222 工作面当前主采太原组的 3# 和 5# 煤，也被叫做 8-5# 煤。8-5# 煤层复杂，呈黑色、块状构造，主要由暗煤和亮煤交互分布，整体以半亮型煤为主，伴随透镜状丝炭。8-5# 煤直接顶为泥岩、浅灰色砂质泥岩为主，质地脆易碎，稳定性

较差，容易冒落，厚度 1.5～6.6 m；基本顶大多为 K3 砂岩，具有一定稳定性；直接底的岩性为砂质泥岩和高岭质泥岩，厚度一般为 0.8～3.2 m。

9.2　放煤量监测系统可靠性试验

综放工作面环境复杂，存在众多的不可控因素，仅仅通过实验室模拟分析，无法保证放煤量监测系统的可靠性。所以，对放煤量监测系统的可靠性进行现场试验，既可以取得放煤量监测系统在综放工作面的可靠度，又能够暴露出系统的一些现场问题。放煤量监测系统的可靠性是指在 8222 工作面的实际工况下，较长的时间内，放煤量监测系统能够无误地将数据传输给控制终端的能力。公式(9-1)所示，表达了在时间 t 内放煤量监测系统的可靠度 $R(t_b)$，其中 $n_f(t_b)$ 为试验时间 t_b 内的故障次数，n_0 为总试验次数。

$$R(t_b) = 1 - \frac{n_f(t_b)}{n_0} \tag{9-1}$$

受到 8222 工作面的现场条件限制，实验人员无法长时间待在综放工作面，更不可能频繁下井进行放煤实验，所以要充分合理地利用试验时间，最大限度地保证试验结果的准确性和可信度。

当试验条件受到限制仅能进行有限次数的试验时，定时截尾寿命试验可以有效确保可靠度的下限，很好地适用于综放工作面。定时截尾寿命试验是一种常用的小样本下可靠性试验方法，是指系统进行有限次的定时间的可靠性试验，最终统计故障次数的方法。此外，由于放煤量监测系统并没有寿命分布假设，平均寿命未知，不能够使用很多基于已知分布的可靠性试验。但是基于二项分布的成-败型试验不需要寿命分布假设，同时可以确定系统的可靠度的大致范围。因此，采用了定时截尾寿命的成-败型试验来确定放煤量监测系统的可靠度。

首先，需要确定可靠性试验的最少次数。放煤量监测系统如果能够 8 h 持续正常无误地将数据传输给终端，可以认为该放煤量监测系统具有很高的可靠性。因此，公式(9-2)所示为系统可靠度 $R(t_b)$ 的置信水平 P 表达式，试验时间 t_b 设为 8 h，可靠度下限 R_L 设为 0.95，置信度 C 为 0.9。

$$P[R(t_b) \geqslant R_L] = C \tag{9-2}$$

由于成败型试验服从二项分布，当试验全部成功时，可以得到最少的试验次数 n_0，如式(9-3)(9-4)所示。最终求得试验次数 n_0 为 45 次，如果试验全部成功，就属于成败型试验中的成功型试验，说明在置信水平 C 为 0.9 时，放煤量监测系统的可靠度为 0.95 以上。

$$R_L{}^{n_0} = 1 - C \tag{9-3}$$

$$n_0 = \frac{ln(1-C)}{lnR_L} \tag{9-4}$$

放煤量监测系统主要由上位机、通讯软件以及激光雷达三个环节组成。在可靠性试验中,系统中的任意一个环节出现问题,可以判定为试验失败,反之,试验成功。经过 45 次可靠性试验,试验成功次数为 39 次,失败次数为 6 次,并不满足成功型试验的要求,但不能说明系统的可靠度较低。为了进一步确认系统可靠度的大致范围,按照公式(9-5)计算系统可靠度的置信区间下限 R_l。Z_α 为标准正态量,查正态分布表可得,当置信水平 C 为 0.9 时,显著水平 α 为 0.1。n_s 为试验成功次数。

$$R_l = \frac{n_s - 1}{n_0 + Z_\alpha \sqrt{\frac{n_0 \times (n_0 - n_s + 1)}{n_s - 2}}} \tag{9-5}$$

最终求得 R_l 为 0.779,说明在显著水平 α 为 0.1 时,放煤量监测系统的可靠度在 0.779 以上。

由于系统的可靠度没有达到预期的要求,为了进一步提高系统可靠度的下限,有必要对试验失败案例进行失效分析,来挖掘并解决潜在的问题。表 9-2 为可靠性试验的失败案例分析,其中严酷度表示该问题对整个系统功能造成的影响,高等级的严酷度有可能会发生人员伤亡或系统不可修复的问题,中或低等级则有可能使系统性能降低但可以及时修复。可以看出激光雷达环节失效次数最多,严酷度较高,其余环节虽然存在一些问题,但是严酷度并不高,失效次数不多。因此,为了提高整个系统的可靠度下限,应该先着手分析并解决激光雷达停止测量、测量异常等问题,然后处理其他环节的失效问题,使放煤监测系统能够通过基于二项分布的成功型试验。

表 9-2 试验失败案例分析

序号	失效环节	失效模式	失效原因	严酷度
1	激光雷达	测量异常	泥灰遮挡视窗导致反射信号错误	中
2	激光雷达	停止测量	电压不稳定使设备停止运行	高
3	激光雷达	测量异常	泥灰遮挡视窗导致反射信号错误	中
4	激光雷达	测量异常	泥灰遮挡视窗导致反射信号错误	中
5	通讯软件	无法响应用户	内存溢出程序发生崩溃	中
6	上位机	无法终端通讯	IP 地址设置错误	低

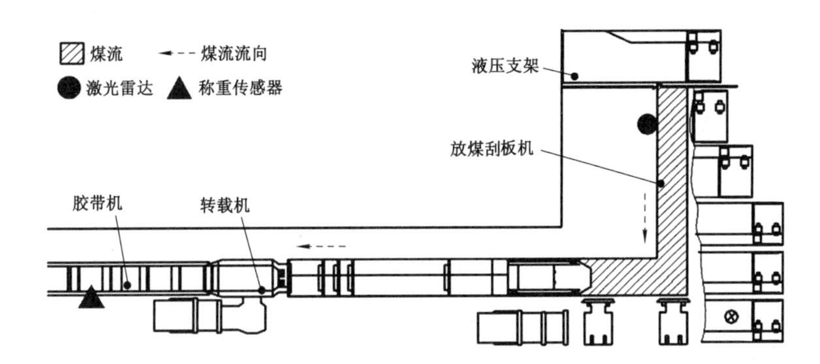

图 9-2　8222 工作面放煤量测量试验

9.3　放煤量测量误差分析

分析放煤量监测系统的测量精度,可以实现综放工作面放煤量的精确估算,加强对液压支架和刮板机的控制,进而达到无人工作面中的“智能化”。所以开展放煤量监测系统的现场测量试验,通过分析现场试验结果确定测量误差,是具有较高的工程价值和实用意义的。

由于目前没有有效的手段取得放煤时煤堆的瞬时真实体积,只能间接计算放煤时间内煤堆的累计真实体积。所以,该试验主要通过对比采样时间内的累计真实体积和累计测量体积,计算放煤量监测系统的测量误差。

图 9-2 为 8222 工作面放煤测量试验示意图。激光雷达被安装在靠近机头位置的液压支架横梁下,通过扫描放煤刮板机上的堆煤来获取放煤量。称重传感器安装在胶带机两侧的称重托辊下,来测量胶带机上的堆煤重量。而称重传感器的精度较高,一般在 1% 以内,可以作为煤堆体积的真实值,用来对激光雷达的放煤量数据进行验证。

称重传感器计算一定时间内胶带机上的煤堆体积,通常采用积分法和累加法。其中积分法的基本原理,就是通过连续采样得到输送带托辊所受到的压力值,结合测速传感器得到胶带机瞬时速度进行乘积运算得到瞬时重量,对瞬时重量进行积分得到一定时间内的累计重量。公式(9-6)为积分法计算时间 T 内煤堆重量 Q 的表达式,$q(t)$ 为 t 时刻荷重值,$u(t)$ 为 t 时刻胶带机速度,$Q(t)$ 为瞬时煤堆重量。

$$Q = \int_0^T Q(t)\,\mathrm{d}t = \int_0^T q(t)u(t)\,\mathrm{d}t \tag{9-6}$$

$$V = \frac{Q}{\rho} \tag{9-7}$$

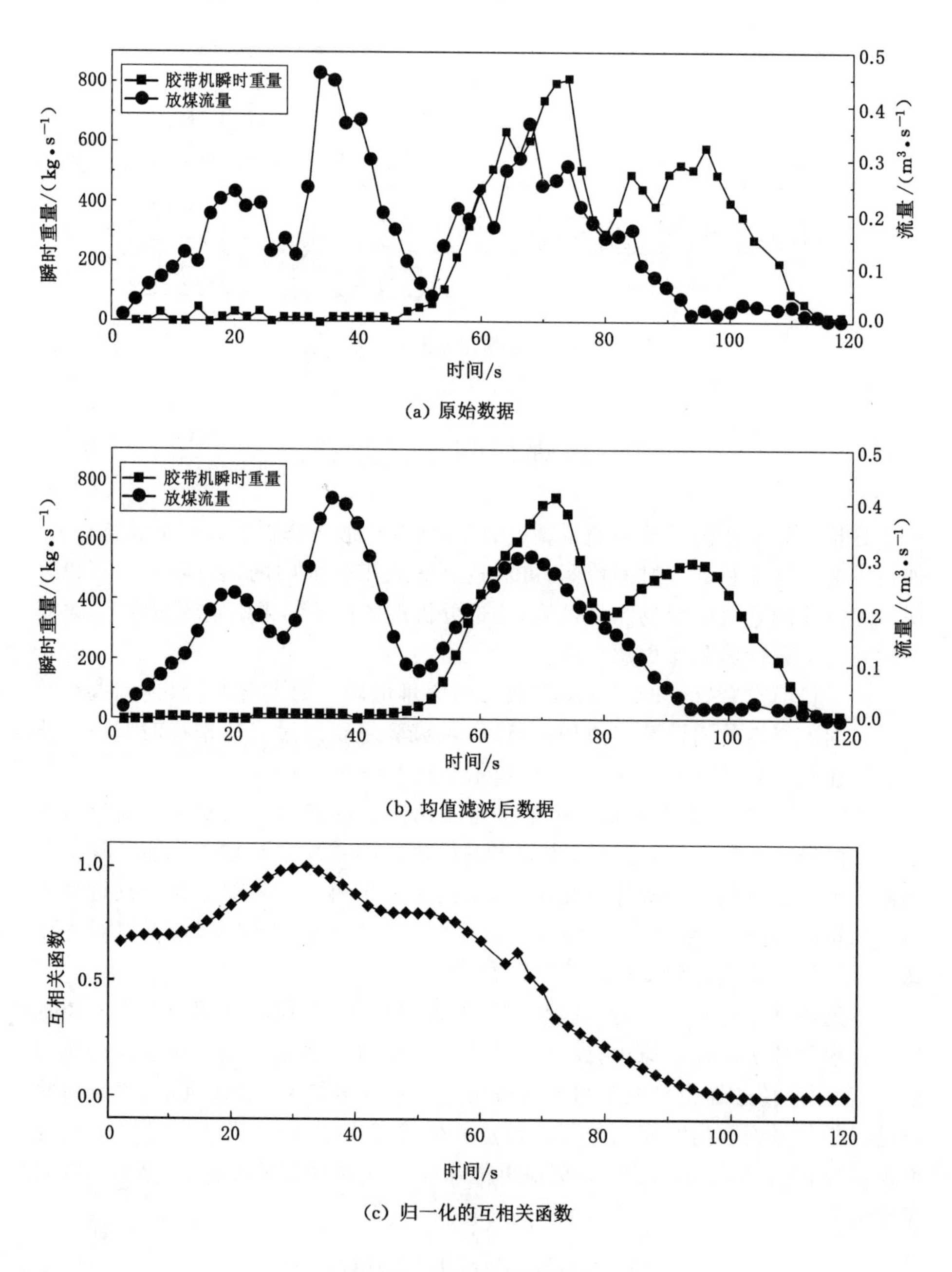

(a) 原始数据

(b) 均值滤波后数据

(c) 归一化的互相关函数

图 9-3　放煤数据曲线图

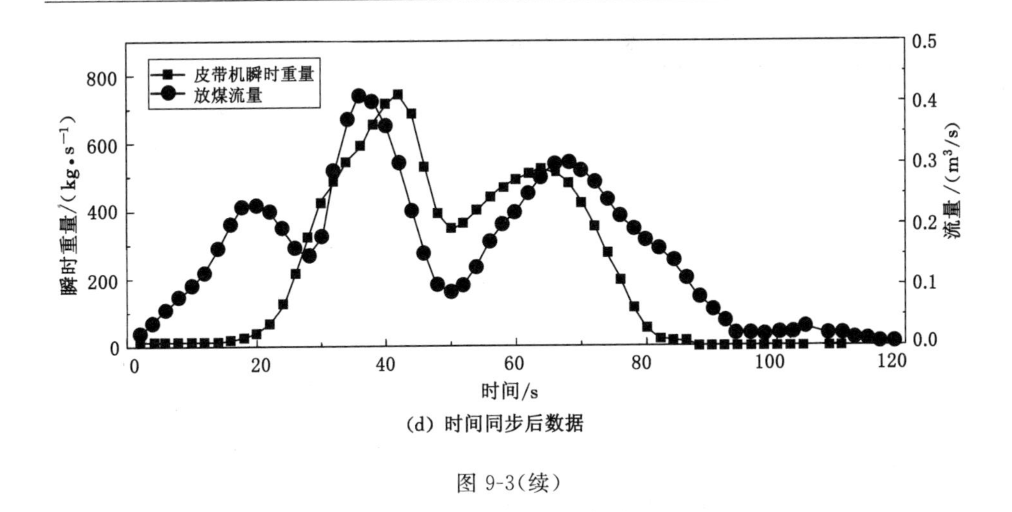

(d) 时间同步后数据

图 9-3(续)

最终按照公式(9-7)求出时间 T 内的煤堆累计体积，其中 $\rho_{放}$ 为放煤过程中采出资源的平均密度，为 1 535 kg/m³。

图 9-3 为单次 8222 工作面放煤试验结果曲线图，此次试验中放煤持续了近 80 s，采样时间共 120 s，刮板机平均速度为 1.41 m/s。其中圆形曲线代表了胶带机上堆煤瞬时重量的变化情况，方形曲线代表了放煤刮板机上煤流流量的变化情况。

为了平滑数据和抑制噪声，选用了均值滤波对图 9-3(a)中的原始数据进行处理，得到图 9-3(b)。选用均值滤波的原因，一是其能够抑制高频噪声信号，清晰反映数据变化情况，二是不会对煤流累计体积的积分运算造成影响。

$$R_{fh}(h) = \int Q(t)V(t+T)\mathrm{d}t \tag{9-8}$$

在图 9-3(b)中，由于测量位置的不同，煤流到达各设备的时间不一致，放煤煤流在 2 s 左右到达激光雷达位置，在 45 s 左右到达称重传感器位置。为了消除时间差，利用归一化的互相关方法求取时间延迟，在图 9-4(c)中，互相关函数在 32 s 处取得最大值，时间延迟为 32 s，最终得到图 9-4(d)时间同步后的数据。式(9-8)为时差 T 的互相关函数 $R_{fh}(T)$，$Q(t)$为时间 t 的瞬时重量，$V(t)$为时间 t 的流量。

此次试验中，按照积分法计算煤流累计真实体积为 16.62 m³，煤流累计测量体积为 17.84 m³，测量误差为 1.22 m³，相对误差为 6.83%。

为了精准获取放煤量监测系统的测量误差，开展了多次现场放煤试验，表 9-3 为多次放煤试验结果的误差分析。

表 9-3 放煤试验误差分析

序号	刮板机平均速度/(m·s^{-1})	真实体积/m^3	测量体积/m^3	相对误差/%
1	1.32	6.45	6.93	7.44
2	1.45	12.11	13.21	9.08
3	1.36	24.23	26.16	7.86
4	1.56	8.97	10.13	12.93
5	1.71	15.62	17.49	11.97
6	1.45	9.21	10.01	8.68
7	1.61	17.81	18.98	6.56
8	1.42	13.44	14.21	5.72

在表 9-3 中，进行了 8 次放煤现场试验，真实体积范围为 6.45～24.23 m^3，测量结果都大于真实结果。按照 pearson 相关系数公式(4-54)，计算刮板机速度与相对误差之间相关系数为 0.895，属于极强正相关，说明刮板机速度和相对误差之间存在很强的线性关系，刮板机速度越快，相对误差越大。计算真实体积与相对误差之间相关系数为 0.033，属于不相关，说明真实体积和相对误差之间不存在线性关系。

结果分析表明，放煤量监测系统的测量相对误差为 6%～13%，随着刮板机速度的增大，相对误差也增大。但是，煤流的真实体积大小并不影响放煤量监测的测量精度。由于煤块之间的缝隙或测量设备精度等问题，测量结果普遍大于真实结果。

附录　缺失值聚类算法伪代码

```
//定义一个结构体 cluster,包含了缺失区间的两端 begin、end
struct cluster{begin;end;}
alogrithm Clustering
//mark 为缺失数据的标记,p_n 为数据点个数,c_n 为聚类序号(缺失区间序号)
Intput:mark,p_n
Output:cluster,c_n
//为聚类序号赋初值
c_n←1;
//父循环:寻找一个聚类初始点,这个聚类初始点标记 mark 必为-1。如果找到了这个点,就将这个点的标记 mark 改为当前聚类的序号,并把该点纳入到该类的起始点中。
for i←0 to p_n do
    if(mark[i]==-1) then
        cluster[c_n]. begin←i
        mark[i]←c_n
//子循环:mark 为 0 或者循环变量 i 等于 p_n 时,该点的前一个点为类的结束点,c_n 自增,结束子循环。mark 不为 0 时,必为当前聚类的类内点,改写其 mark 为 c_n。
for i←i+1 to p_n do
    if(mark[i]==0||i==p_n) then
        cluster[c_n]. end←i-1
        c_n←c_n+1
        Break
    Else
        mark[i]←c_n
          End
      End
  End
End
```

参考文献

[1] 阴晋峰,高颖.基于煤流量监测的带式输送机调速控制[J].机械管理开发,2018,33(6):84-85.

[2] 王保平.放顶煤过程中煤矸界面自动识别研究[D].济南:山东大学,2012.

[3] 王金华.特厚煤层大采高综放开采关键技术[J].煤炭学报,2013,38(12):2089-2098.

[4] 于斌,徐刚,黄志增,等.特厚煤层智能化综放开采理论与关键技术架构[J].煤炭学报,2019,44(1):42-53.

[5] 张远.基于煤量检测的煤矿顺煤流调速控制系统[D].天津:天津大学,2017.

[6] 方原柏.国产电子皮带秤进展评述[J].工业计量,2016,26(2):24-28.

[7] 苏毅.可实现物料流量精确控制的自动核子皮带秤[J].中国测试,2012,38(6):57-59.

[8] 陈湘源.基于超声波的带式输送机多点煤流量监测系统设计[J].工矿自动化,2017,43(2):75-78.

[9] 李帅.基于多个超声波传感器的输煤皮带流量测量系统设计[J].能源与节能,2020(1):115-116.

[10] 袁姮,王志宏,姜文涛.熵能量堆煤图像的定位与识别[J].中国图像图形学报,2015,20(8):1062-1069.

[11] 李萍.基于机器视觉的散状物料动态计量系统研究[D].北京:中国矿业大学(北京),2017.

[12] 袁娜,宋伟刚,姜涛.散状物料输送机称重的图像处理方法初步研究[J].煤矿机械,2007,28(12):58-60.

[13] 曾飞,吴青,初秀民,等.带式输送机物料瞬时流量激光测量方法[J].湖南大学学报(自然科学版),2015,42(2):40-47.

[14] 苗长云,杨育坤,厉振宇.基于激光测距原理的带式输送机监控系统对煤流量的检测[J].天津工业大学学报,2019,38(5):70-75.

[15] 赵慧珍,程英蕾,屈亚运.基于最小二乘法的激光雷达数据滤波方法[J].科学技术与工程,2014,14(33):234-239.

[16] 王晓嘉,高隽,王磊. 激光三角法综述[J]. 仪器仪表学报,2004,25(S2):601-604.

[17] HÄUSLER G,HECKEL W. Light sectioning with large depth and high resolution[J]. Applied Optics,1988,27(24):5165.

[18] ALTSCHULER M D,ALTSCHULER B R,TABOADA J. Laser electro-optic system for rapid three-dimensional (3-D) topographic mapping of surfaces[J]. Optical Engineering,1981,20:953-961.

[19] BICKEL G,HAUSLER G,MAUL M. Triangulation with expanded range of depth[J]. Optical Engineering,1985,24:975-977.

[20] SU X Y,ZHOU W S,VON BALLY G,et al. Automated phase-measuring profilometry using defocused projection of a Ronchi grating[J]. Optics Communications,1992,94(6):561-573.

[21] LIANG X P,SU X Y. Computer simulation of a 3-D sensing system with structured illumination[J]. Optics and Lasers in Engineering, 1997, 27(4):379-393.

[22] HALIOUA M, LIU H C. Optical three-dimensional sensing by phase measuring profilometry[J]. Optics and Lasers in Engineering, 1989, 11(3):185-215.

[23] PENG X,ZHU S M,SU C J,et al. Model-based digital moire topography [J]. Optik (Jena),1999,110(4):184-190.

[24] QIAN K M,SHU F J,WU X P. Determination of the best phase step of the Carré algorithm in phase shifting interferometry[J]. Measurement Science and Technology,2000,11(8):1220-1223.

[25] BING Z. A statistical method for fringe intensity-correlated error in phase-shifting measurement: the effect of quantization error on the N-bucket algorithm[J]. Measurement Science and Technology, 1997, 8(2):147-153.

[26] DAVIS J,NEHAB D,RAMAMOORTHI R,et al. Spacetime stereo:a unifying framework for depth from triangulation[J]. IEEE Transactions on Pattern Analysis and Machine Intelligence,2005,27(2):296-302.

[27] TAKEDA M, INA H, KOBAYASHI S. Fourier-transform method of fringe-pattern analysis for computer-based topography and interferometry [J]. Journal of the Optical Society of America,1982,72(1):156.

[28] TAKEDA M. Spatial-carrier fringe-pattern analysis and its applications to

precision interferometry and profilometry: an overview [J]. Industrial Metrology,1990,1(2):79-99.

[29] CHEN W J,SU X Y,CAO Y,et al. Method for eliminating zero spectrum in Fourier transform profilometry[J]. Optics and Lasers in Engineering, 2005,43(11):1267-1276.

[30] GDEISAT M A,BURTON D R,LALOR M J. Eliminating the zero spectrum in Fourier transform profilometry using a two-dimensional continuous wavelet transform [J]. Optics Communications, 2006, 266 (2): 482-489.

[31] HUANG P S,HU Q Y,JIN F,et al. Color-encoded digital fringe projection technique for high-speed 3-D surface contouring[J]. Optical Engineering,1999,38:1065-1071.

[32] YONEYAMA S,MORIMOTO Y,FUJIGAKI M,et al. Phase-measuring profilometry of moving object without phase-shifting device[J]. Optics and Lasers in Engineering,2003,40(3):153-161.

[33] ASUNDI A K,ZHOU W S. Mapping algorithm for 360-deg profilometry with time delayed integration imaging[J]. Optical Engineering,1999,38: 339-344.

[34] SAJAN M R,TAY C J,SHANG H M,et al. TDI imaging-a tool for profilometry and automated visual inspection[J]. Optics and Lasers in Engineering,1998,29(6):403-411.

[35] STEGER C, ULRICH M, WIEDEMANN C. Machine Vision Algorithms and Applications[M]. 北京:清华大学出版社,2008.

[36] 宋春华,彭泫知. 机器视觉研究与发展综述[J]. 装备制造技术,2019(6): 213-216.

[37] 李爱娟,辛睿,武栓虎. 高效线结构光视觉测量系统标定方法[J]. 激光与光电子学进展,2019,56(22):163-167.

[38] 姜鑫,尹文庆,浦浩,等. 基于结构光三维视觉的螺旋输送器谷粒体积的测量方法[J]. 南京农业大学学报,2019,42(2):373-381.

[39] CASTERMANS T,VERBEEK K,SPECKMANN B,et al. SolarView:low distortion radial embedding with a focus [J]. IEEE Transactions on Visualization and Computer Graphics,2019,25(10):2969-2982.

[40] RONG J P, HUANG S Y, SHANG Z Y, et al. Radial lens distortion correction using convolutional neural networks trained with synthesized

images[M]//Computer Vision-ACCV 2016. Cham:Springer International Publishing,2017:35-49.

[41] 刘美,薛新松,刘广文,等. 对比度增强的彩色图像灰度化算法[J]. 长春理工大学学报(自然科学版),2018,41(5):70-74.

[42] 刘洪公. 基于深度学习理论的铁路异物检测与识别技术研究[D]. 石家庄:石家庄铁道大学,2017.

[43] DAI L H,LIU J G,JU Z J,et al. Real-time HALCON-based pose measurement system for an astronaut assistant robot[C]//Intelligent Robotics and Applications,2018.

[44] 黄元麒. 基于X光图像的钢丝绳芯输送带接头抽动检测算法研究[D]. 徐州:中国矿业大学,2019.

[45] LI Y J,HUANG J B,AHUJA N,et al. Joint image filtering with deep convolutional networks[J]. IEEE Transactions on Pattern Analysis and Machine Intelligence,2019,41(8):1909-1923.